四川美术学院学术出版基金资助
项目支持：国家社会科学基金艺术学重大项目
"绿色设计与可持续发展研究"（课题编号：13ZD03）

# 异域同构

## 传统城市空间的演替

# The Similar Construction Across Different Areas

## The Succession of Traditional Urban Space

### 黄耘 等著

U0319267

中国建筑工业出版社

## 编著名单

主要著者： 黄　耘

撰　　稿： Avril Accolla
　　　　　Fabio Panzeri
　　　　　Gianni Talamini
　　　　　Giulio Lamanda
　　　　　Livio Sacchi
　　　　　Massimo Bagnasco
　　　　　Silvia Giachini Tiranni
　　　　　陈雨茁
　　　　　何智亚
　　　　　刘　川
　　　　　李　卉
　　　　　杨劲松
　　　　　余以平
　　　　　钟洛克

参编人员： 郭　辉
　　　　　江　娇
　　　　　罗　夏
　　　　　任　洁
　　　　　武　健
　　　　　徐　丹
　　　　　张剑涛

策　　划： 邓　楠
　　　　　王平妤
　　　　　杨茂森
　　　　　张剑涛

版式设计： 孙　敏

名单按照英文和拼音首字母排序，排名无先后

# 内容提要

"地景是一张不断擦除重写的羊皮纸"——麦克·克朗。

我们认为，传统城市空间的形态在不断擦除的进程中重写，这种重写并非仅仅是改良，而是适应环境变化的"突变"，是对某种不利要素的"替换"，我们将之称为"演替"。"演替"是生态系统保持可持续演化的内在规律，是表述城市形态如何保持可持续更新和发展的思路。

我们通过"异域同构"的方法来讨论"演替"，并将其聚焦在以下三个方面：

1. 城市修补：关注"既有城市"改造与社区更新。研讨在城市新一轮的更新演替进程中，基于物质空间和社会空间的多种复杂性，如何从发展、空间、时间等多个维度去探讨城市的修复、改造和建设等措施及手法。希望对"城市更新"提出更为多元的解读内涵。

2. 文脉传构：关注城市文化传承。历史文化名城、历史街区以及传统村落的建设，已经不是简单的空间风貌协调或不协调问题。外在的空间形式"仿古"仅仅是表象，"文脉传承"的实质在于人们生活品质水平的提高。寻找城镇传统文化的自信，梳理文脉，讨论在新型城镇化建设发展体系中如何"传承"与"重构"文化价值体系。

3. 新型巧筑：研讨从建造的角度探讨设计对地域问题的反思与回应。在传统基础上创新的巧妙结构并满足功能需求问题，低成本空间建造的探索，改良式结构方式，材料的再生、环保及巧妙结合的应用。

# 序言

伴随着全球化的深入，开放视野已经成为学术研究的一个必要条件。由中国倡导的"一带一路"发展战略，得到了欧亚大陆众多国家的热烈响应，在"一带一路"的宏观背景下，城市更新和文脉传承问题已经被摆在了东西方建筑师（规划师）面前的同一考卷之上，打破壁垒，东西方跨域协同思考，势在必行！

四川美术学院作为一所重要的专业美院，一直以来以其旺盛的艺术创造力，引领着中国当代艺术文化思潮。当代艺术与城市更新和文脉传承之间的关联性，也作为不可旁绕的重要领域得到我们的持续关注。在这当中，四川美术学院建筑艺术系积极搭建当代艺术与城市更新和文脉传承之间的关联平台，积极参与西南地区城市更新研究，构建了一系列具有专业美院特色的关于城市社区更新以及历史文化传承的理论与实践，也形成了洪崖洞民俗风貌区改造、濯水古镇规划设计、黄山抗战遗址博物院设计、巫溪旧城更新城市规划等一系列备受好评的实践成果。

意大利作为现代文明的滥觞之地，也以其璀璨的文化艺术而倍享尊荣。中国和意大利这两个相距万里的国度，作为丝绸之路的起点和终点，在两千多年的发展变革中，各自的城市更新和文脉传承领域都有着异常丰富而且各具特色的建设经验。中意建筑师（规划师）并肩站在人类史的高度，跨过时间和空间的限制，共同思考城市以及城市文明与艺术，交换和碰撞彼此的观念，探讨多重观念之间的同生性和差异性。

——庞茂琨

# 目录

异域同构 ——————————————| 1–7

城市修补 ——————————————| 9–29

文脉传构 ——————————————| 31–51

新型巧筑 ——————————————| 53–75

建设实践与探索 ——————————| 77–157

代后记 ——————————————| 159–181

# ■ 异域同构 ■

- ·擦除与重写
- ·传统空间的演替

图 1.1 20 世纪初期的重庆

图 1.2 开埠时期的建筑

图 1.3 吊脚楼与城墙城门

图 1.4 会馆建筑

# 1 异域同构 [①]

## 1.1 擦除与重写

"地景是一张不断擦除重写的羊皮纸"。——麦克·克朗

在对城市建设与地域性环境改变的思考中，我们对比重庆近百年来的城市形态"擦除重写"的三个时期，思考什么力量在支配城市形态生成，不同的城市形态现象反映出什么样的社会价值建构。

第一个时期，传统城市形态延续时期。

20世纪初期的重庆城市（图1.1）。可以看到当时的重庆城市形态表达了明显的社会分层与社会利益在空间上的分布现象。开埠后西洋文化的介入，在城市中植入了有中西合璧风貌的官式建筑（图1.2）；也可以看到随地形变化的棚户区，很明显，这类建筑多在岩壁上建造，称为"吊脚楼"，是较低的社会阶层的简易居所。明代建城的九开八闭的城墙、城门城楼延续了明清重庆城市的主要格局（图1.3）。会馆建筑暗示着重庆历史上的十次大移民，也代表民族资本在城市空间上的烙印（图1.4）。这是一个不断叠加而成的城市形态，是各个社会阶层价值观不断积累与嵌入过程的结果。总的来说，传统社会文化的价值构建促进城市形态以渐进方式逐渐改变。

第二个时期，传统城市形态退却时期。

---

① 本章图文资料由黄耘景观设计工作室提供。

图 1.5　20 世纪 70 年代的重庆城市

　　大约五十年后，重庆城市呈现出趋向单一的城市空间形态
（图1.5）。这是由改革开放以前的经济和社会价值构成决定的。
在这段时期，社会价值观的空前统一使得城市利益集团间空间的
博弈趋于停滞，加之当时的社会经济水平有限，建构技术水平低
下，城市发展动力不足，低下的经济形态决定了城市形态审美的
缺失。但是，由于社会价值建构有效的改变，以往传统城市形态
也随之改变，至少达到了"去传统"的社会效果。但保留了部分
城市形态的地方性特征，这主要体现在因自然地形错落而形成的
山地城市空间形态中。

　　第三个时期，现代性城市的确立时期。

　　目前的重庆城市形态（图1.6）。改革开放后，城市大发展，
科学技术成为城市发展的主导价值观，城市基础设施建设以合理
性、规范性为强制性要求，主张将城市建成国际风范的大都市。
快速道路联通了重庆主城区多中心的组团，城市疆界扩展，城市
尺度放大。滨江路隔离了江河与城市的联系，超大尺度的建筑，
如跨江大桥、超高层建筑改变了传统城市的比例。现在的重庆是
以技术合理性、强制性规范为价值导向，改变了我们对时间和空
间的整体认识，曾经的传统城市形态逐渐消失在有着宏大叙事理
想的现代化都市的建设理想中。

　　城市形态的地域文化特征的缺失，会不会是每个城市发展的
必然，我们从两个方面思考。

　　首先是"找回文化"的尝试。近几年，许多城市形态建设试

图 1.6　目前的重庆城市形态

图在重新寻找有地域文化身份定位。例如，西安城市风貌建设，试图找到"大唐文化"的辉煌（图1.7）。大唐文化风貌是一个历史的存在吗？当下的城市建设以大唐文化风貌作为城市形态的导向，会不会传达的并不是大唐的雄风？再如，北京的风貌建设也是如此（图1.8）。的确，明清时期的北京是这个城市发展的高峰时期，如果在现在的北京城市形态上进行简单的外表风貌整治，有没有可能找回明清时候的空间神韵？苏州也是如此努力，当代的基础设施建设已经改变了传统城市的肌理与尺度。符号化的做法，已经不能将苏州的城市形态带回平江老城的诗意生活中了（图1.9）。

这种城市风貌整治的方法，我们称为"文化找回"运动。虽然我们不完全赞成这个做法，但这种善意的意图表达了社会转型期的一种共同的觉醒，我们将它看成是地域文化复萌的一种努力。

其次是现代性与地方性。我们来看看传统城市形态是怎样被改变的。重庆大学城的建设形成了与周边农村的传统空间的对比（图1.10）。如果说，传统空间是曲线的空间方式，它呈现出自然要素和文化要素主导的空间生成；那么大学城的建设（如图1.10红色部分）却在当地刻画出几何图形的空间。这是"合

图1.7 西安的城市风貌

图1.8 北京城市风貌

图1.9 苏州城市风貌

理性技术"在决定当代城市空间的生成的方式。所以，不同于传统社会价值构成，当代建设会彻底否定我们传统空间模式。

现代城市是基于技术性、合理性的基础而进行的。"现代性"架构是区别"文化"架构的传统城市形态的支点。齐格蒙·鲍曼把现代性当成一个时期，在这个时期是人们反思世界的秩序、人类存在的秩序、人类自身的秩序以及这三个方面的关联。在他看来，现代性不仅是一种思想、一种观念、一种精神，更是一种将观念、思想、精神付诸现实的一种实践。这引发人们对传统生活的重新考量。他认为生活的改变是"思"的事情，是"关切"的事情，是"意识到自身"的实践，是一个"逐渐自觉的意识"。

人们对现代化生活方式的追求就可以看成是这种观念的实现的过程，人们以追求的全新生活方式将以一种"观念"的方式进入文化内部，从而改变人们生活的根本——这就是现代性转变。现代性的实践（社会的整体转型）必然会带来社会的分裂。主要的分裂发生在现代性的社会存在形式与传统文化形态之间。现代性进程就是现在的空间形态与其传统文化之间紧张的历史。"现代性"站在传统文化的对立面，注重"理性"在生活中的作用，这将导致在整个社会生活强调的重点和关注的焦点等方面的差别，导致在人们的核心解释、规范概念和最终目标等方面的差异。

城市规划理论是典型的现代性工具，它基于启蒙理想，主导城市的转型。作为改变与改善社会的理性力量，它有一种强烈介入时代与现实的意识。着力于对"传统空间"的否定，试图通过"理性"的阐释来建构一个并不存在的"合理空间"，来认知一个"存在空间"。这种基于启蒙理想的规划理论，坚信"理性"可以无视文化的差异，成为创造理想聚居的基础。理性规划穿梭于现实与理想的不断交互中，通过规划师"英雄化"的态度，将理性的理想付诸"超越性实践"，这样彻底改变了"地方"的存在。这种现代性理性，以技术的合理性为途径，粉碎了地方城市空间已有的存在。它是一种蕴含着道德主张的推论，这种推论将描绘现实与现实发展等同起来，是一种规范性的社会理论。这种理论将事实判断与价值判断混淆在一起了。德国社会学大师马克

图 1.10　大学城市风貌

斯·韦伯称其为"合理性理论"。认为"理性"控制着整个城市的生成。"理性科学"宣扬人们能借助自我探索与科学知识来塑造、控制与支配城市。"人群依附的地方人文地景，已被无地方性、缺乏灵魂的新空间替代，这些新空间在功能上更有效率，却降低了经验的品质"（麦克·克朗）。"否认了情感，忽视了伦理，降低了个人对其居住环境的责任"（瑞夫）。这与强调理性权威凌驾于地方的存在有关。这种强制性存在于现代规划理论中，并存在于建筑及规划的创作取向中。

地方性意向（Sense of Place）对应现代性价值，是人与"地方"（location）互动的产物。住在"本地的人"与"到本地来"的人对这个地方有着不同的感悟。这种城市意向来自于我们所处的角度与立场。"我们获得的知识，并非独立于我们获得知识的方法"（海德格尔）。

在这个体系中至少有三个观念涉及人与地方性有关的主题:意向、本质、处理生活与知识的情境化性质。海德格尔的"在世存有"的理论是对"地方性"很好的阐述。他认为人并不是理性与自由流动的，只有透过"在世存有"的对象，人们才能思考与行动。我们谈及某个城市形态时，一定要将其镶嵌入他们的"地方"中去思考。胡塞尔反对先入为主的概念，主张认真考虑我们面对的现象。在他看来，城市显然是个真实体，只有考察其"使用"现象才能成为"我们的城市"。城市形态揭示人群与地方之间的情感联系。

我们就不难理解，重庆城市形态"擦除重写"的内在原理，三个时期重庆城市形态的变化，就是地方性与不同观念博弈的结果。

## 1.2 传统空间的演替

演替，即指传统城市空间形态的继承与创新的方法。借助生物进化的理论，比喻城市空间在"进化"的进程中，产生改变的现象。这种"改变"并非仅仅是改良，而是适应环境变化的"突变"，是对某种不利要素的"替换"，到达抢占其在生物圈中的当下优势的目的。可以看成是生态系统保持可持续演化的内在规律，借以表述城市形态如何保持可持续更新和发展的思路。

首先是"格局"。在一定的"生态格局"下，生态系统中的各个物种在不同的"生态位"之上贡献着自身的价值和作用，物种之间通过"生态位"相互关联，构成了整个生态系统空间上的复杂性。城市中的传统空间也处于城市系统的"空间格局、功能格局及文化格局"之中，当这些传统空间不足以贡献和提供与之匹配的作用时，无论我们是否在意或愿意，这些传统空间必然要经历改变（主动或者被动），我们的责任便是研究如何通过对城市系统整体格局（空间、功能、文化）的研究，来判断传统城市空间是否或在多大程度上需要被更新和修复，更好地引导传统城市空间的演替。

其次是"过程"。生态系统的格局不是一成不变的，它会随着时间的推移自主实现"从简单到复杂、从低级向高级"的进化，每个物种都处于一定的历史"过程"之中，物种演替不仅是对原有物种历史的延续，更是在创造着新的历史。当我们关注传统城市空间演替之时，要意识到我们的责任不单单是复原和再现历史，更要关注现代城市功能，创造有价值的、有现实意义的、可持续的新的历史。

最后是"尺度"。生态系统在演替的过程中，存在一定的选择性"突变"，这种突变在不同尺度下的影响力是不同的，不同尺度的"突变"相互嵌套，最终形成了生态系统复杂多变的时空格局。传统城市空间在演替过程中，有的发生在区域的尺度，有的发生在街区的尺度，有的发生在建筑单体的尺度等，不同尺度的"突变"对城市系统的影响也是不同的，合理地选择演替的尺度至关重要。

传统空间的进化，由于有现代技术的介入，会引起不利于现代生活方式的空间的改变，简单来说就是空间替换。我们主张的进化，是一种精英式的进化，强调选择性的突变。的确，某些传统空间——不管是城市还是建筑——由于不能适宜于当下的生活，如果不去改变，就会以不合理为由被彻底背弃。演替是一种设计与建设的主张，希望我们的设计引导的建设活动，是基于地方空间的进化，而非全面的否定。同时，也希望给空间注入当代的诠释。

四川美术学院新校区就是很好的演替案例。中国大学城的建设或许会在今后的建城历史中留下深刻的烙印。快速的建设使得我们没有多少时间去考虑每个学校的所在地方空间的继承与延续。建设活动基于现代性理论，以经济性、合理性为原则，没有考虑必须尊重的其他要素。

四川美术学院的新校区就经历了一个思考的过程。在校区中间有一栋农房（图1.11），我们称为"老院子"（图1.12），按照常规的做法应该拆掉。的确，我们曾经拆掉了一半，但在此过程中又把它修复了回来。我们思考的要素，不仅包含夯土建筑的空间要素，还包括原住民及生活方式，他们的生计来源，农田的四季变化的景观（图1.13），这些空间承载的"地方性"可能会随着建筑拆除而彻底抹去。罗中立院长如是说："我们的学校，建成后要能猪照样喂，羊照样放。"

第一是人的角色转变。我们把迁移出去的农民家庭（老黄家）又请回来，他们回来的工作还是"种田"，但黄师傅的角色已经是"新园丁"（图1.14）；第二是农田景观。不变的是农耕种植、四季农田景观的美景，但这个景象已经转换为学校的校园景观（图1.15）。第三是农作物的角色转变。每年学校的油菜籽、藕、红薯等，会卖给教师，而收入归老黄一家，作为补偿的园丁工资的一部分，我们用土地的收入来回报园丁的劳动，这是个有趣的"新经济生态"。第四是场所的意义。老院子原来就是老黄

图1.11　老院子位置图

图1.12　老院子

图1.13　原来的农田

图1.14　新园丁

家的"院坝"，夯土墙、老院门还是原来的样子，但现在这院子是我们接待客人、举行教学评图与研讨会的场所（图1.16）。农村土房替换为可以去举办酒会的一个新场所。

原来场地上的几个场所要素都被我们替换掉了，我们似乎保留了原来地方的全部"基因"。但这里绝不是原来的农村，也不是简单的改造利用，这是我们的新校区的老院子，这就是一个演替的建设结果。

演替的设计主张，试图去寻求全球化背景下怎样保持地域文化的多样性的途径，其本质是生活方式的多样性进化理念。正如阿里夫·德里克所说："全球化导致地域文化的回归。"他有趣地认为"当代本土"实际上是全球化了的本土。反之，全球化一旦落实到某个民族、地区，它立即成为本土化的全球。

我们这次演替的讨论聚焦在以下三个方面。

1. 城市修补：关注"既有城市"改造与社区更新。研讨在城市新一轮的更新演替进程中，基于物质空间和社会空间的多种复杂性，如何从发展、空间、时间等多个维度去探讨城市的修复、改造和建设等措施及手法。希望对"城市更新"提出更为多元的解读内涵。

2. 文脉传构：关注城市文化传承。历史文化名城、历史街区以及传统村落的建设，已经不是简单的空间风貌协调或不协调问题。外在的空间形式"仿古"仅仅是表象，"文脉传承"的实质在于人们生活品质的提高。寻找城镇传统文化的自信，梳理文脉，讨论在新型城镇化建设发展体系中如何"传承"与"重构"文化价值体系。

3. 新型巧筑：研讨从建造的角度探讨设计对地域问题的反思与回应。探索在传统基础上创新的巧妙结构并满足功能需求，低成本空间建造的探索，改良式结构方式，材料的再生、环保及巧妙结合的应用。

图 1.15　新校区的景观

图 1.16　评图的老师们

# ■ 城市修补 ■

关注"既有城市"改造与社区更新

- 城市空间的"修补与再生"
- 乡建之路
- 十个观点
- 空间的生命力
- 景观的使命
- 文化折合

## 2 城市修补
### 2.1 城市空间的"修补与再生"[①]

　　回溯历史，我们可以看到，每个城市都会历经"建设—发展—衰退—更新"这一过程。在城市每一轮的更新演替中，由于经济发展、空间建设以及文化演进等因素的特殊性，我们对于城市更新这一命题的解读方式都会不同。针对旧城更新问题，因其物质空间和社会空间的复杂性，更新方法也更为多元。

　　老城区域作为城市发展中遗留下来的活化石，保护好其原有肌理和脉络是在旧城更新工作中的基本任务。但是，在当前城市要素更为复杂的背景下，老城区的功能衰退形成了区域性的城市病症，亟待诊治。我们究竟该如何把握住城市脉络，如何在持续的过程中给予城市体良性刺激，如何促使城市体恢复自身协调能力并保有活力，这是一个亟须面对的难题。在此，我们提供了城市空间更新的三种思路，同时结合设计实践，共同来探讨城市修补的多重可能性。

　　第一种思路是"空间串联"。

　　众所周知，老城区中拥有多种具有不同空间属性的节点，其中，节点与节点之间往往还存在着细微且紧密的空间关系。我们在城市更新中探索的解决方式之一，就是通过串联的方式将这些重要的节点加以连接，再修复重构节点之间的空间逻辑。从实践中我们发现，这些被重新串联并改造后的空间，其空间图像和空间序列关系往往呈现出更为积极的生长状态。

　　如重庆市渝中区山城步道改造项目，一共有9条步道，我们以水厂至石板坡古城墙遗址的山城步道为例。该步道全长2.8公里，是联系重庆上下半城的主要步行道之一。其中，南坡步道空间多具有明显的山城街巷特色，虽然有良好的视线通廊，但是局部的步行通道却因为城市高速车道的存在而时有中断。设计中，我们的总体思路是将步道构建成一个三维空间交错叠合的城市交通管道，并利用其线形，将分布在沿路用于展现重庆街市生活、历史、城市记忆的节点加以串联整合，使之成为既包含历史文化又具有使用价值，同时还能为市民提供良好休闲空间的线形通廊。

　　首先，设计梳理了山城步道的线性，加强了山地步行交通的连接性和便捷性。此后，重点整合了步道文化以及步道周边地块的用地性质和规划。山城步道被切分成3个各具特色的片段，结合空间层次，依次植入具有差异化的景观节点、历史遗迹、市民休闲空间等，点、线、面的空间节奏也依次展开（图2.1）。随后，依据每个片段的不同语境，适宜的景观及建筑符号随之引入，空间串联的工作也就此完成。空间串联这一方法，不仅从交通性上解决了步道的通行问题，又在维系文化肌理的基础上，构建了富有变化的空间活力，为整个片区注入了新的空间灵感，促进了该地块的可持续式更新。

　　第二种思路是"城市针灸"。

　　城市有自身的有机秩序，当这种秩序被打破时，城市就会出现"病症"。这些"病症"作为城市生长发育过程中的伴生产物，因为症因不同，形式亦多种多样。其中，城市棚户区就是其中一种不可回避的现象，同时，这也是一部分人在城市生存中的过渡状态。如何应对和治疗城市中棚户区病症的存在，一直以来都是学界讨论的重点，对此，我们也提出了我们的思索。

---

① 本节图文资料由黄耘景观设计工作室提供。

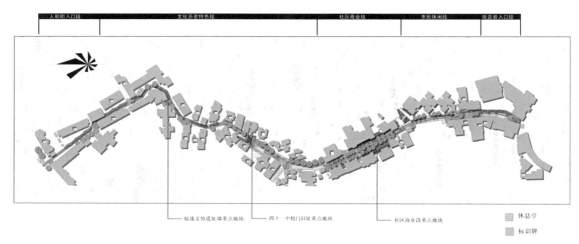

图 2.1

应对棚户区问题，我们希望找到一种既能保存片区城市记忆与肌理，同时，又不进行过度修建改动的方法，为此我们提出了"城市针灸"这一措施。所谓城市针灸，就是通过借鉴中医针灸学的理论及方法，并结合既有城市设计手段，对已具有一定规模和形态的城市局部空间给予一定的刺激，并通过刺激的传导，使城市整体得到改进，从而达到从改善局部到优化整体的目的。作为一种实现城市小规模、新进式更新的新概念，在众多的实践中已收到较显著成效，体现出其可行性和优越性。

如何进行城市修补，关键是要找准"穴位"即灸点。这些穴位作为城市区域的关键部位，是能够实现从局部引发整体的关键位置。针对这些穴位，需分析其压力的成因，利用灸点策略进行良性刺激，最终释放其压力，并催化整个区块的再生发展和正向成长。

在重庆市南岸区黄桷垭棚户区的改造中，黄桷垭正街作为延续重庆至贵州古道而形成的一条老街，建筑风格陈旧混乱、居住人员混杂且老龄化严重，整个区域呈现出落后萧条的景象（图2.2），与周围的现代城市风貌格格不入（图2.3）。

针对这片区域的改造，我们利用了城市针灸的策略，将老街中的公房作为"穴位"。设计中，利用相关法规和政策，通过对公房节点进行的良性刺激，推进了整个公房体系的有机更新，最终利用公房系统的变化带动私房更新，从而实现整个旧区的更新。

图 2.2　落后萧条的棚户区

图 2.3　棚户区与新区的景象格格不入

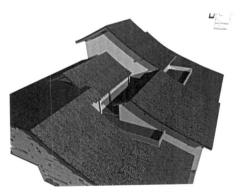

图 2.4　公房改造中延续大屋顶

与此同时，在对公房的改造过程中，设计如何在保持其原有肌理和风格的基础上，去改善建筑的封闭和陈旧问题呢？我们利用了屋顶平台的方式，在延续巴渝传统大屋顶美感的同时，在房顶上形成新的开放空间（图2.4）。设计甚至创造出空中连廊形态，让人们能够在屋顶上行走活动，这种通过打破传统建筑模式创造出的新的建筑空间，被我们称之为"屋顶生活"。

第三种思路是"要素混合"。

通常而言，城市中的老社区往往呈现一种封闭的状态，破旧杂乱的环境与周围的新兴城市之间易形成两种差异极大的风貌。对城市老社区进行修补的过程中，人们往往仅注重于社区本身的更新及设计，缺乏与社区之外城市环境之间的互动。对此，我们更愿意对社区内的要素与周边城市间关系进行更多地考虑，比如如何将周围优秀的城市景观纳入社区内的景观视线之中，或是换位思考如何使社区内好的景观元素被周围的城市环境所看到或利用。这样的社区改造必然会更加开放、活泼，也更容易与周围的环境有机融合。这一思考角度，也被我们称之为要素混合策略。这一策略具体是指将城市中具有封闭边界的地块的坚硬边界打破，消除地块之间相互孤立的状态，并促进地块间产生互动进而相互影响的一种城市修补方式。相对而言，要素混合是一个心态和视野都更为开放的设计策略，通过有效混合能够促进新旧地块之间更好地融合，使原本隔离的独立体更替为一个相互影响的共生体。

　　重庆南岸区铜元局长江村社区改造是一个旧社区改造项目，该社区处于南岸区核心范围，紧邻城市主干道，遥望上海城、亚太商谷、国际会展中心等大型商业大厦（图2.5），但社区整体风貌却呈现出20世纪90年代初的样子（图2.6），场地内外的新旧对比状态十分明显。

　　设计提出消解长江村社区与周边城市区域之间的固有边界，引入要素混合的观念，将社区与城市商圈之间形成一个互看与互动的关系，最终，我们选择利用城市观景平台来实现这种互动关系。利用长江村的社区边界的高地势，设计试图创造并强化这种良好的观景条件，用现代的设计手法在边界处增设了三处开放式的城市阳台（图2.7）、户外吧台（图2.8），为社区居民提供了具有休闲和观景功能的公共活动空间。一方面，平台对内满足了居民们的使用及审美需求，提升了社区品质，创造了居民与景观互动的新体验。另一方面，平台对外成为了一个新的城市景观，将社区从周边环境中凸显出来，形成一种新的"被看"的关系，与周围的城市环境产生了另一个视角的互动。在要素混合的策略之下，长江村社区的改造以一个更为开放、包容的视角实现了社区的活力更新，并与周边城市产生了更好地融合。

　　城市老城区的更新改造是当下城市研究的热点，老城区在继承传统城市肌理以及历史文脉的基础上要逐渐向现代多元化格局转变，在这一过程中，如何保有老城区自身特色的同时并使之保有活力成为现代旧城更新改造研究中的重点。旧城改造是涉及城市经济、社会关系、生态环境等多个方面的全局性问题，在这过程中，需要将空间规划与政府管理决策有效地结合起来，寻找出更适宜的城市修补方式。

图 2.5　南岸核心区

图 2.6　长江村社区

图 2.7　城市阳台

图 2.8　户外吧台

## 2.2 乡建之路 [①]

何智亚

重庆城乡建设与发展研究会会长
重庆市历史文化名城保护专委会主任委员

近十年来，我多次去到重庆的区县和乡镇，参与了大量的城镇体系规划，名镇保护规划，城镇风貌整治，历史街区、文物建筑修复以及优秀乡土建筑考察咨询等工作。由此发现，在新型城镇化推进过程中，建设美丽乡镇、乡村，实现城乡可持续发展十分重要。

首先，建设美丽宜居乡镇是新型城镇化的重要任务。建设美丽宜居乡镇是改善农村人居环境整治，加快改善农村生产生活条件，建设美丽宜居乡村，提高社会主义新农村建设水平的重要途径。截至2015年，中国人口数量为13.73亿，城镇化率达56.1%。其中，重庆市人口数量为3010万，城镇化率达60.54%。从城镇化发展阶段来看，目前，重庆还处于城市化发展的快速时期。到2020年，重庆的城镇化率将预计达到70%。届时，按照城市五大功能分区，重庆人口预计将主要分布于三大区域。其中，主城区的人口由835万增至约1000万；城市发展新区（渝西地区）的人口由1055万增至1300万；渝东北和渝东南片区的人口由1086万减少至900万左右。

目前，对欧洲城镇而言，很多小城镇和乡村仍具有非常强的吸引力和可持续发展的能力，大量的人口居住于此。很多美丽的小镇人口数量保持着1000-2000人的规模，并且延续了几百年。例如，德国国土总面积是35万平方公里，人口总数为8200万。其中，超过100万人口的城市仅有三个，分别是柏林、汉堡和慕尼黑，仍有大量的人口居住在小规模的乡镇区域。另外，意大利的人口数量约为6000万，其中罗马以南，分布着许多极具特色

① 本节图文资料由何智亚先生提供。

的小城镇，大多也已成为世界著名的旅游胜地。在意大利广袤的土地上，风格独特的山地建筑，保存完好的世界文化遗产，绝美的自然风光，都使得意大利小城镇充满魅力与活力（图2.9）。此外，这种现象在法国、英国（图2.10）、瑞士（图2.11）、西班牙等区域屡见不鲜，这些独具特色的欧洲小城镇也正是在本次"异域同构"主题之下，中意设计师之间值得交流与碰撞的话题。

重庆现有824个乡镇，9000多个行政村，2万多个自然村落，集中了全市约一半以上的人口。城镇化的推进并不是要在城市化的过程中把大城市搞得越来越大，而应该把相当一部分的农村人口集中在以乡镇为主的小城镇。因此，建设美丽宜居的乡镇是新型城镇化的重要任务。

当然在城镇化过程中，一定要切实改善乡镇居民的生活质量和居住条件，提升乡镇的吸引力，让更多农村人口移居到乡镇；也要依托现有的山水格局，让城镇融入大自然，让居民望得见山、看得见水、记得住乡愁（图2.12）；要注意弘扬和保护传统的优秀文化，处理好城镇发展与历史文化保护、传承的关系，延续历史文脉。

第二，在乡镇规划建设中，准确把握巴渝建筑风格。最近几年，城镇和农村风貌整治取得很大成效。但是在城乡街区、建筑的风貌整治中，由于对巴渝建筑风格的理解往往停留于吊脚楼、小青瓦、穿斗房、坡屋顶和黑白灰的印象，常常把风格做得千篇一律。

巴渝建筑风格的形成，除了重庆独特的地形地貌外，也是中国各地文化乃至舶来文化与本土文化相互融合、渗透、碰撞的结果；多种因素的综合交融，使巴渝建筑呈现纷繁各异的特色。巴渝建筑更为久远的历史脉络、更为深厚的文化积淀在重庆广袤的乡镇和农村。在乡间众多古老的乡土建筑中，我们可以感受到乡土建筑的无穷魅力和独特风格，它们是巴渝建筑的根，是取之不尽的设计灵感和风貌元素的源泉（图2.13）。

发展有历史记忆、地域特色、民族特点的美丽城镇，不能千城一面、万楼一貌。乡镇、乡村规划建设理念以及风貌整治的引导方向要引起重视。根据对巴渝乡土建筑的田野考察研究和

图2.9　意大利小城镇

图2.10　欧洲小镇

图2.11　瑞士小镇

图2.12　融入自然的乡村

图2.13　巴渝建筑

图2.14　建筑顺应地势

图2.15　随势而建的建筑

图2.16　干阑式民居

图2.17　风雨廊

图2.18　依山势的台阶

思考，我认为巴渝建筑风格的形成主要来自于三个因素：一是重庆江水环抱、山势起伏的地形环境，二是外来移民带来的移民文化，三是西方文化的进入。

因素一：重庆江水环抱，山势起伏的地形地貌和潮热多雨的气候条件。重庆的山地和丘陵占到了重庆市总面积的95%，独特的地形地貌造就了巴渝民间建筑典型的山地建筑风貌。房屋层层叠叠、鳞次栉比、错落有致，不强调朝向，顺应地形地貌（图2.14）；建筑形态具体体现为退坡、吊脚、退台、重叠（图2.15）；为遮风避雨，防御潮湿，风雨廊、风雨桥、干阑式民居也成为一大特色（图2.16）。例如，江津区中山镇的风雨廊，潮湿的气候条件促发形成了一种特殊的公共交往空间和格局（图2.17）。又例如，山地城市的地势特征，重庆很多地方的建筑都是重重叠叠、依山就势，滑坡而上（图2.18）。

因素二：重庆历史上6次大移民带来的移民文化影响。明初和清初至清代中叶，四川发生了两次大规模的以"湖广填四川"为代表的大移民，特别是从清初到清嘉庆长达130余年，以"湖广"为主，遍及全国13个省区向四川的大规模移民，使巴渝民间建筑显现了浓厚的移民文化特色。例如，云阳县里市乡的彭家花房子（图2.19）和彭氏宗祠（图2.20），都是典型代表，我第一次看到的时候感到非常震撼，就像到了意大利的古堡。此外，还有一些比较有趣的房子。例如，万州区梨树乡的李家大院，建筑中既有马头墙的要素，也有土家建筑的风格，外来的移民风格和当地的土家风格相互融合，非常有趣（图2.21）。又如石柱县河湾乡的谭家大院，既有湖广的形态，也有湘西的形态，同样非常有趣（图2.22）。再如带有山西、陕西大院特色的江津区四面山镇会龙庄（图2.23）、云阳县南溪镇邱家大院（图2.24）等，建筑形态都非常美。

　　因素三：西方文化的进入。西方文化最初是由传教士带来。明代末期，西方神父开始到四川传教。清康熙三十五年（1696年），法国神父开始在重庆城建立天主教堂。至雍正时期，外国传教士到重庆的数量已经相当可观。

　　第一次鸦片战争之后，以天主教、基督教传教士为代表的西方文化在更大的范围，以更大的规模进入长江上游地区。1891年，根据《中英南京条约续增条款》，重庆对外开埠，英国商人、商船、兵舰率先进入重庆。之后，日、法、德、美等国大批商人、商船、传教士相继涌入重庆。由于受到西方文化的影响，巴渝建筑出现了不少中西合璧的折中主义建筑。至今为止，在重庆主城区和偏远的山区，还有众多带有明显西方文化符号的建筑遗存。例如，江津白沙镇王政平洋楼（图2.25）、渝中区真原堂（图2.26）、九龙坡区走马镇孙家院子（图2.27）和凤凰镇洋楼（图2.28）、南川区水江镇蒿芝湾洋房子（图2.29），建筑都带有明显西式风格，同时又结合了重庆本土的建筑元素和建筑材料。其中，北碚区蔡家陈举人大院（图2.30）非常有趣，外观看来是一个八字形的大牌楼，但里面的洋楼还是西式的风格，两种风格结合在一起。江津区支坪镇马家洋房子，建筑运用了长廊、罗马柱以及大白财，其中大白财在中国民间就意味着白财，也就是发财的意思。建筑的窗户又用了一些西方建筑的符号，整个建筑轮廓显得天衣无缝（图2.31）。

　　综上所述，可以用16个字来概括巴渝风格的特征，即："兼收并蓄，多元结合，因地制宜，灵活多变"。在乡镇的规划建设和风貌整治中，应该根据这些特征，结合当地的具体情况，形成具有自己风

图2.19　彭氏家祠

图2.20

图2.21　李家大院

图2.22　谭家大院

图2.23　会龙庄

图2.24　邱家大院

图2.25　王政平洋楼

图2.26　渝中区真原堂

图2.27　孙家院子

图 2.28　凤凰镇洋楼

图 2.29　蒿芝湾洋房子

图 2.30　蔡家陈举人大院

格特色的乡镇和村落。

第三，在新型城镇化过程中切实保护历史文化名镇、传统村落和特色民居。重庆有28个市级历史文化名镇，16个国家级历史文化名镇，7个特色景观旅游名镇，64个中国传统村落（最近的第四批还有可能增加几十个），100多个中心镇，但至今为止，从风貌、景观、基础设施、特色塑造、历史文化保护与传承等方面来看，还要下相当大的工夫。

在新型城镇化过程中，乡镇及乡村规划建设要本着布局合理、规模适度、特色鲜明、生态良好的原则，切实保护生态环境、乡村风貌、人文特色。农民新居要具有本地民俗特色风格，凸显乡村特色、田园风光，注意自然环境的保护。

乡村文明是中华民族文明史的主体，村庄是这种文明的载体，耕读文明是我们的软实力。城乡一体化发展，完全可以保留村庄原始风貌，慎砍树、不填湖、少拆房，尽可能在原有村庄形态上改善居民生活条件。

过去我们对传统村落和特色乡土民居的保护维护没有引起重视，一些传统村落和优秀乡土民居损毁消失。例如，武隆县坝镇刘氏庄园。西南交通大学教授、知名乡土建筑专家季富政称之为"秘境诡制"，"查阅资料，遍访川中，可初断无二例可与之媲美，国内亦无同类比较，绝种孤例无疑。"由于人们的无知和漠视，此庄园已经彻底坍塌消失（图2.32）。再如，南川乾风乡德兴垣（刘瑞庭庄园），由于村民改建房屋，历史建筑遭到严重破坏。此外，旅游开发和风貌整治不当，过度的包装，包括改变原状，也对历史建筑带来了一些破坏。例如，九龙坡区走马镇寨门，原本是沧桑古老的古城门，修复一新后却看不出原貌了（图2.33）。秀山县洪安镇古老的石梯也在改造后被修建成了规整平直的新石梯，历史风貌受到了破坏（图2.34）。风貌整治的问题，我们怕的就是千篇一律，当不断复制的山墙形式多了以后，风貌也就破坏了（图2.35）。

第四，开展乡镇乡土建筑保护与更新的实践。随着对"乡愁"理念的深入，国家多个部门对乡村

图 2.31　洋楼

图 2.32　刘氏庄园

图 2.33　走马镇寨门

图 2.34　秀山县洪安镇

图 2.35　修复后的建筑千篇一律

和传统村落、传统乡土民居保护的力度开始加大。重庆市一批乡土建筑实验者，也深入到乡镇、农村，开展乡土建筑保护与更新的实践，已经初步取得成效。

例如，武隆县土地乡冉家沟村乡土更新实验。在县建委重视下，依靠专业设计力量，发动当地村民自己动手。为了指导当地农民自己更新保护自己的住房，设计师深入到乡镇，为每一户农民都绘制了一张图。这种图非常形象，农民都能看懂。根据设计师的建议和图纸，农民运用了当地的材料对原来破旧、生活设施条件差的农房进行了整治改造，初步形成新的乡土民居概念。通过修复，整体上恢复了原来的面貌，维系了建筑的风格，同时也开始得到城市人的青睐和追寻。土地乡的实验，对当地农民的脱贫和吸引离乡农民回归乡村起到了积极作用。

第五，加大对乡镇规划设计专业技术指导。近年来，在这方面主要开展了以下工作：一是开展乡村规划的全覆盖工作。其中，历史文化名镇和中心镇，规划基本全覆盖，同时，规划扩展到行政村的工作也已经开展。二是进一步加强区县首席规划师制度，这项工作已经开展了差不多五年时间，市规划局已向区县派出31名首席规划师，现在首席规划师的工作范围也开始向乡镇倾斜。三是组织专家团队进乡镇，进村落活动。从2013年开始，重庆市建委、重庆村镇建设与发展研究会组织开展了"专家团队进村镇"活动，帮助解决中心镇、历史文化名镇、名村和特色景观旅游名镇、名村的保护与建设，加强农民新村和巴渝新居建设指导力度，这项工作已取得了明显成效。四是市建委会同城乡建设与发展研究会，组织优秀建筑师到重点传统村落担任驻村专家，第一批已经安排20多位建筑师，他们即将去到相对固定的村里，指导村落的保护与发展，也包括环境综合整治等工作。

重庆市建委为了推广以上工作，组织了一些会议和现场会。2015年5月21日至22日，由重庆市城乡建设委员会、重庆村镇建设与发展研究会、重庆历史文化名城专委会组织的"重庆市传统村落保护利用工作推进会暨重庆传统村落乡土民居传承与更新实践研讨会"在武隆县召开。会议就美丽乡镇与传统村落、传统村落民居保护、传统村落文化传承、村落保护与传统建造技术等专题进行了交流。重庆大学、四川美院、清华大学、北京工业大学和重庆市有关设计单位、部分区县建委、乡镇领导参加了会议。大家在会上做了交流，也做了参观，取得了很好效果。

新型城镇化与建设美丽乡镇、乡村不可能一蹴而就，急于求成，只要我们坚持以人为本、尊重自然、保护环境，坚持可持续发展的方向，具有中国特色的新型城镇化和美丽乡镇建设就一定会取得更大的成就。

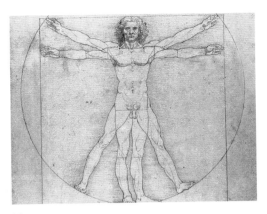

图 2.36

图 2.37 城市生态系统

图 2.38

## 2.3 十个观点 [①]

马晓力 Massimo Bagnasco

城镇化专家
波捷特（北京）建筑设计顾问有限公司董事经理
兼合伙人

以下是根据我过去13年的工作经验所得出的一些观点，希望可以带给大家一些经验以及关于城市的愿景及理念。

观点一：以人为本。一切都以人为本，人类是生活的中心，是我们开发的中心。在中国近几年的发展中有一个非常重要的转变就是以人为本，同时，这也是国家新型城镇化规划的一个重要指导思想。对于这一观点，我们早在3000年前就已经认同。意大利最早的建筑学图书（图2.36），展现了建筑的部分原理和原则。其中，设计城市的一个原则就是要推动创新、融合、绿化、开放和共享，这也是使城市更为友好、更为宜居的原则和前提。同时，恢复城市的社会性，构建和谐的城乡社区。当然，这些也是在中国的"十三五"发展规划中所指出的。

观点二：城市生态系统。我曾经说过，城市是一个生态系统，作为一个整体，城市必须要能够消化它所产生的一切后果，这将成为一个完整的循环过程。我们需要创造新的机会，才能将城市整个生态循环系统统一在一起（图2.37），推进城乡发展的进一步融合。城镇生态系统随着社会经济与生物体系之间在不同时间、不同地点和不同规模层次的动态交流逐步演化。作为一个整体，城市的生态系统必须要达成一定的平衡，才能够为人们提供更多的机会（图2.38）。支持城市，才能使之更能适应物理的、社会的和经济的挑战。同时，近人尺度的住宅区、生态友好且慢节奏的社区和居民区将成为新型的生活方式之一。例如，在意大利有一个非常著名的活动，即减慢城市的发展速度。

---

[①] 本节图文资料由 Massimo Bagnasco 先生提供。

观点三：创新灵活的宜居城市。该观点的目的在于促进城市内兼具灵活性和功能性的开发，灵活协调各种开发与用地之间的平衡。我们今天的城市必须是一个具有创造力以及灵活性的城市。其中，灵活性尤为重要，必须使城市保持与时俱进的状态。我们知道现在城市发展得非常迅速，城市必须变成高效创新的生态体系，促进"创客空间"的发展。我们必须做出一些能够跟得上城市变化的设计，创造城市灵魂，激发城市活力，在创建城市的过程中强调人的参与。

观点四：迷人的城市：文化遗产和城市革新。保护城市的文化遗产是中国"十三五"规划和国家新型城镇规划的重点之一，我们必须增强城市的独特性，倡导城市文化活动，提升城市的旅游服务，为人们提供一种新的体验。此外，利用城市公园、景观、保护区和生态走廊，或者是绿化带开发城市生态网络，促进城市的重建和复兴。同时，针对历史遗迹，我们要做的不仅仅是修复和重建，更多的，应该是使这些历史遗迹变得更为宜居。并从经济学的角度给他们赋予新生，使居住在那里的人们能够有新的感受、新的机会，去参与他们的经济生活。在这当中，景观的重要性也不可忽视。景观作为一个重要的连接因素，将城市的各个方面联系在一起。今天我们关注工业区更新，不仅要关注城市中心，还要从城市中心走出去。

观点五：生态密度与集约密度。关于生态密度，提高土地的使用效率，这是一个非常重要的问题。中国是一个巨大的国家，但其中只有9%的地区适合人类居住，所以我们需要为人们创造更好的生活环境。但提高土地的利用率，并不意味着我们要用垂直的方式来开发。在上海有这样一个例子，浦东的人口开发密度比浦西要低，这看起来让人觉得不可思议。但我们需要了解低密度紧凑布局的方式将有助于解决建筑密度问题，改善城市的结构，使城市变得更美好。同时，在制定总体规划时也应当遵循生态密度原则和指导方针，并推动这种规划思路，最终确保总体规划的实施。

观点六：保护自然环境。关于自然环境的保护，这是一个持久的问题，我们需要更好的环境友好地可持续开发（图2.39）。

图 2.39

通过智慧发展，保护自然资源和环境，实现与自然资源的平衡。中国目前有一个趋势，关于海绵城市，这是一个可持续的排水系统。例如，威尼斯就是一个很好的例子，此外，意大利还有很多这样的城市，他们通过创造更多更好的可持续性解决方案，用以避免和减轻由气候变化带来的灾害。

观点七："智慧"的城市开发方案。当前，智慧发展重点集中于城市低碳化和低能耗，我们有许多新技术、新工具可以用于改善我们的生活。为了提高城市的竞争力和参与度，不仅仅需要关注智慧经济和管理，更多的，还应该关注智慧交通和环境，这将涉及交通、信息通信技术和自然资源等方面。同时，关注智慧生活和智慧人类，提高生活品质，使社会和人力资本更大。因此，我们不仅需要有智能城市，也应当有以人为本的城市。

观点八：综合性方法。综合可持续性发展城市的方法，系统地评估不同部门之间的交流，协同行动和多方合作才能实现综合控制，最终创建更为可持续性的城市。同时，通过开发一种新的城镇规划模式，来履行自己的社会责任。

观点九：建筑体量可持续性。可持续性是建筑设计中必须考虑的因素，可持续建筑致力于满足城市开发当前的日常需要。我们必须创造一种整体的综合设计方法来使我们的建筑更为环保，最终实现经济效益、环境效益和社会责任。

观点十：品质。品质应当是所有规划都需要考虑的共同指标。目前，中国的思路已经从注重数量转移到了注重质量。该质量不仅涉及技术，还涉及经济和社会价值。因此，我们应当变得更为可持续，我们的生活也将更具有可持续性。

## 2.4 空间的生命力 ①

余以平

一级注册风景园林师
现代艺术与城乡规划设计研究中心常务副主任
浩丰规划设计集团董事长兼设计总监

　　去年我们接到重庆市万州区政府的委托，对万州区的城市消极空间进行了一次研究。在研究过程中，我们针对当地政府管理部门、当地居民以及外来旅游者等，发放了六百份调查问卷。通过问卷反馈，我们得到了非常有意思的信息，受访者对于万州区消极空间的感受，可以被归纳为六个字：可怕、可恨、可惜。首先，为什么讲可恨呢？从管理部门的调查问卷反馈到：在职能部门的眼皮底下，城市中却依然有这么多环境脏乱、治安糟糕的地方，这样的空间让相关部门感到无奈，这就是可恨。城市空间中这种混乱的情况是否能被解决，城市居民还需要在这样的环境下要生活多久，这就是可怕。这么好的环境、这么有价值的地方没有得以适当利用，没有为城市居民提供一个舒适的户外空间，这就是可惜。

　　在得到这样一个反馈后，我就想协助万州区政府给老百姓一个交代，促进万州区城市消极空间的"积极化"。我们希望能把这个信息传递给管理部门，传递给我们同行，希望大家在今后的

图 2.40

① 本节图文资料由余以平先生提供。

工作中能够关注这样的事情，使我们的城市更美好。

我的家乡——美丽的重庆（图2.40），远看的时候它很美丽、很时尚、很靓丽，但每当我走进以后却往往能发现各种"消极"的城市场景。当我们冷静地想一下，城市的这种空间消极化现象不仅仅是重庆独有，北京、上海、纽约，甚至是罗马等诸多大城市，也都存在着这样的负面消极空间。通过我们的观察、思考，结合以前的学者、研究者对这方面的总结，我们认为其中的消极空间其实也是城市化进程中的产物，同时也是城市进程中应该出现的很普遍的现象。问题的关键在于我们如何去认识它、解决它。所以，我们把城市消极空间这一现象归纳为城市化进程中的一个产物。

针对消极空间表现的形态，我们认为主要体现在六个方面，分别是城市交通的附属公共空间、城市市政设施附属公共空间、城市建筑附属公共空间、城市广场公共空间、城市公园公共空间和城市滨水公共空间。此外，通过我们对消极空间的研究，我们提出了消极空间的两大空间特质。一方面，消极空间的相对性。消极空间与积极空间是相对存在的，由于时间、人群、活动、功能、设施、生态及景观的变化，消极空间会因此而发生消极性和积极性的转化。另一方面，消极空间还具有特定的复合性。公共空间中，消极因素可能存在于某个局部区域，也可能充斥着整个空间。也就是说，某个空间可以同时具有消极性和积极性两种因素。

通过我们的观察，我们剖析了消极空间的"消极性"所在。其一，交通闭塞。闭塞的城市交通环境是引发消极空间产生的最主要原因之一（图2.41）；其二，缺乏美感、场地空间尺度失衡。在缺乏有机组合、有机尺度的统领之下，空间问题随之出现，并给人带来负面消极的影响（图2.42）。其三，安全问题，一方面，安全可能是由场地、设施，另一方面也可能是治安问题，治安问题也是消极空间产生的重要原因之一（图2.43）。除此以外，消极空间的"消极性"还会体现在功能的无序、藏污纳垢的附属空间以及生态失衡上（图2.44）。

此外，我们还在思考消极空间重构与激活的方法。从激活的内动力来看，消极空间的激活实质上是空间要素重构的过程。这

图2.41

图2.42

图2.43

图2.44

图 2.45

图 2.46

些要素主要包括交通、功能、空间、设施、安全、环境、文化和景观。我们对于城市空间的体会或者感受，应当是基于这八个方面来展开的。通过这八大要素的重新组合，可以为消极空间的转化或者提升提供有力的基础。同时，空间激活的策略还可以通过功能完善、活动导入、生态修复、景观提升、交通优化以及文化艺术的植入这几项策略来实现。

在功能完善策略方面，加拿大的舍伯恩滨水公园是一个很好的例子。通过设计师对公园功能的丰富，增强了使用者对于景观设施、滨水空间、休闲运动等的体验，使原有的空间发生了根本的变化（图2.45）；同样，在希腊的一条街道，面对一栋破旧的小建筑时，设计师为它增加了许多趣味化和人性化的设施，点缀的植物、空调外机箱上的翅膀等，都为设计增加了有趣的调子，原有的消极空间变得有趣起来（图2.46），在这当中，趣味性的手法也成了空间性质转换的一种手法。

在生态修复策略方面，韩国首尔的清溪川是大家所熟知的例子（图2.47）。随着城市的发展，城市原有的水系就被填埋，甚

图 2.47

图 2.48

图 2.49

图 2.50

图 2.51

至还在上方增设了高架道路。但又随着城市的进步，人们又重新回望到对生态文明的需求。通过对河流的回归，设计加强了生态建设和文化植入，清溪川成了附近居民的户外休闲场所，同时也吸引了大量游客到此游览观光。

在交通优化策略方面，通过交通路径的有效处理，增加人们驻留、放松的空间（图2.48），交通系统上的优化提升也成为激活消极空间的有力措施之一。

在活动导入策略方面，荷兰的A8高速公路公园是个非常有趣的例子（图2.49）。通常来讲，高速路下方的空间往往被人遗忘且极度消极，我们通常能看到的不过是在这种灰色空间内增加部分城市的应急设施，或是提供部分车辆的静态交通，或是存在少量商业活动。然而，在A8高速公路公园里，我们看到了大量生活性、活跃性、参与性的积极活动，原本灰色消极的空间变得具有趣味。动感、阳光、积极等感受变成人们对这块区域的新认识，消极空间利用公共活动的导入，顺利地实现了质的转变。

此外，利用景观的提升来实现消极空间的激活也是具有现实意义的。西班牙的格拉纳达广场（图2.50），一个原本不起眼的城市广场，通过景观空间的重新组织以及景观要素的提升，空间品质得以提升，创造了更为适宜的和谐空间。

最后是文化艺术植入策略。在大量的实践案例中，我们会很容易发现，通过合理运用艺术的手法，植入艺术空间或者艺术行为，原本平淡无奇的空间会变得更为生动。城市家具、城市雕塑的有效运用也可以成为激活消极空间的重要方法和手段（图2.51）。

## 2.5 景观的使命 [①]

李卉

纬图景观设计有限公司设计总监
纬图景观合伙人
重庆大学城市规划博士

　　景观的使命，在于从景观的角度来延续文化。那么，景观究竟能在文化里承担什么样的使命呢？从我个人角度而言，我希望可以把它定义为"延伸空间生命力"。利用景观三要素，人、景、地三位一体的关系可以更好地描述这一想法。其中，景是人的元素，人是景的灵魂。

　　首先，景与地，这其实是一个关于地域文化的故事。这个故事是我们的一个项目，叫作云会所。这个项目是从江西搬迁了两个徽州的老房子到重庆，这两个建筑非常美，体现着中国传统民居建筑的早期理念。在这样的背景下，景观设计师需要和建筑设计师一起，共同思考一个最为核心的话题，如何延续空间的生命力，如何让老建筑在巴渝大地上重新焕发它的生命力。在多轮方案的推敲中，我们在最终选定的方案里做了三个方形的盒子，老院子被套在中间，整体设计根据地形的高差形成了错落有致的空间（图2.52）。通常来讲，中国的传统建筑往往不会以一个单体的形式出现，而是以一个群体的空间组合的方式呈现。同样，在这个项目里，设计的核心在于给老建筑找一个家，这个家的载体就是老院子。因此，增加老院子的这个动作是非常重要且具有核心意义的。在这样的空间里，当我们面对这个老建筑的时候，我们需要通过一片竹林，或是一个筒瓦，然后隐隐约约地看到这样一座秀丽的建筑（图2.53）。当你想要走进这个建筑时，这个过程可能是被分割的。你既可以走到水面中间去，也可以远远地欣赏这个非常美丽的设计。我特别想强调的一点是，这样的场景，正是我所理解的中国，正是我所理解的传统。中国的传统建筑因

图 2.52

图 2.53

---

① 本节图文资料由李卉女士提供。

现状

材质提取

泥墙 MUD WALL

屋瓦 TILES

图 2.54

为不同层次空间的组合，你很难从一个角度完全看到这个建筑的全貌。对于观者来讲，你能看到的始终是一个框景。每当我们看到这样一个场景时，首先在脑海中反映出来的就是传统的"中国"二字，这就是我所理解的传统和中国。

在重庆武隆仙女山，还有一个有趣的乡土艺术旅游项目。项目的现场不仅有森林、农业和农田，还有很多废弃的泥墙、破瓦和老屋（图2.54）。设计中，我们希望能够建立新与旧之间新的对话关系，把老土墙纳入新建筑，重新焕发老物件的生命力。我们在空中做了一个很现代的教堂，一个婚礼教堂（图2.55）。同样，面对武隆天坑，我们在入口部分做了一个充满传统意味的场景（图2.56），这个传统里有生态、有纯净，有实空间、也有虚空间，这个传统就是我们的生活。此外，通过对乡土材料和手法的延续，我们还在田间抒发了对于乡土的怀念。在廊下的灰空间里，农耕行为和休闲行为被同时容纳，同时产生着更多传承和交流（图2.57），这就是我所理解的在田间地头中产生的民俗和传承。

另外，重庆常青藤广告产业园的设计也是一个我们通过跟人类对话来表达文化积淀的设计项目。这个项目历时四年时间，从第一期到现在第四期的

磨砺，我们始终坚持从人的需求出发，不断研究使用者的肢体和语言，希望使用者能以一种非常舒适和闲散的方式来使用我们的场地。同时，在这个场地里，我们希望能跟创业园的设计师们对话，我们利用生锈的配件在地面上铺装，我们利用红砖形成跟这个场所对话的记忆点（图2.58）。我们通过用红砖去塑造了一个空间，在这个空间中，使用者可以去展览、去交流、去相遇，去做很多意外的事情（图2.59）。在项目实践的过程中，我们引导甲方和施工方共同参与、共同交流，试图以这样的方式燃起大家对项目的共同价值观，从而得到一个更好的共识。作为文化的传承和价值，设计中最为核心的点就是用我们的热情来感染其他的团队，让材料在不同的作者手中焕发不同的生命力，宣扬共同的情感。

最后是关于纬图景观设计公司的办公室（图2.60）。纬图公司所在的建筑大概2500平方米，拥有两处可供员工休闲的花园。在这个环境中，诉说着人与地互动的故事。我们入住这个场所一年多了，在这一年多里，人与景观、人与这片土地都产生了非常多的故事。我们的猫咪长大了，我们的树

图 2.55

图 2.57

图 2.56

图 2.58

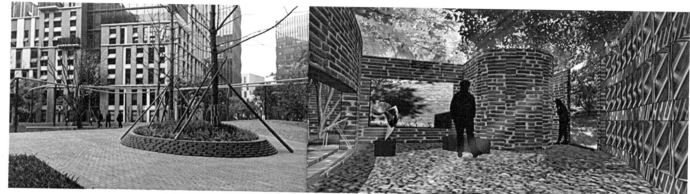

图 2.59

死了一棵，当然，我们会把它做成雕塑，小朋友们会来参加我们的晚会，很多故事在这片景观中产生（图2.61）。我们甚至还在小后花园里开垦了菜地，探讨怎么样摒弃掉肥料，怎么样运用有机的材料来氧化我们的土壤，菜地里种植的蔬菜也成了我们餐桌上的美食（图2.62）。因此，这足以成为一个在不断生长中的景观，景观的故事并没有到此戛然而止。

　　所以，关于景观，我觉得这是一个关于幸福的故事、关于和谐的故事，也是在一个特殊的地域，一群特殊的人，来产生的一个交流文化的故事，是一个微文化的故事。其实，这一切都是动态且具有生命力的，特别是景观。所以，不用去讨论太多你究竟做了什么，景观的组合就是在延续这个场所和空间本身的生命力。

## 2.6 文化折合

　　我曾经看过一个影片，影片主要介绍了一个国际竞赛，竞赛讨论了如何把不同的设计理念，包括社会创新、社会生活、社会文化等通过设计而折合在一起。然后，我们的文化本身存在着巨大的差异，这些差异会让我们每天日常的生活变得困难。但是，只有正视这些差异，喜欢这些差异，热爱这些差异，为这些差异而设计，才能实现真正意义上的可持续发展。这种正视差异、为差异而设计的理念，被称为包容性设计。

　　包容性设计，是为一切事物进行设计。我不是建筑师，也不

图 2.60

图 2.61

图 2.62

是城市规划师，我并不想要建造房屋或者谈论城市问题，我只想通过一些软性的途径或方法，去进行设计。这些所谓软性的途径，就是如何看待人，如何理解人。我们只有理解人，理解人的需求，理解人的渴望，才能为设计找到一个正确的答案。设计不仅仅关注设计师本身怎样思考，而是去理解其他人的状态。因此，我们是谁取决于我们的身份、我们正在做的事情、我们在生活中的行为。正如每个人的人生中都会有不同的阶段，在某个星期的某一天，你可能是一位父亲，你可能是一个设计师，你也可能在哪一天和朋友出去郊游。所以，根据时间的不同，每个人的身份都会发生很多的转变，在这样转变的过程中，他是谁，他在干什么，他在扮演什么样的角色，他有什么样的需求，他有什么样的渴望都会不同。

当我们做设计的时候，我们希望我们所设计的东西能有美感，希望这些设计能够从不同的渠道给我们带来美感。在这当中，会有一些心理因素来影响我们对于美感的评判。其中，最重要的一个影响因素就是一个很好的记忆力。通过记忆这个渠道可以回想你对美的认知，同时，引发创新的情感，让你发生更真实的设计。另一个影响因素是传达性，当你把信息传达出去的时候，不管你的信息是什么，在同一个时刻，你将会得到一个反馈。

目前，我们和同济大学建筑学院有一个文化合作项目，目的在于搭建中国文化和其他文化之间的桥梁。针对这个项目，我们搜集了我们学校每一位教授、每一位专家和每一个学生的观点，通过解读参与者的意图，去理解设计目的。我们整合了大量的建筑、音乐、人体行为等元素，去解读、去寻找当中的可能性。最终，得到了一个可以代表我们学校的、很强大的标识。

最后，在一个为老年人服务的项目里，通过与老年社区接触，我们发现其实很多老年人都有自己的渴望，他们都希望能从建筑师的身上得到帮助。我们设计师参与的目的就在于为他们提供更多的供亲友交流的空间，以及为他们创造更多的社会活动可能性。通过社会活动或者工作活动的提供，能够帮助老年人在社会上发挥潜力，实现自我价值。因此，我们希望今后可以让我们的设计师和建造方一起，共同为老年社区服务，并在这之中，创造更多的可能性。

# ■ 文脉传构 ■

关注城市文化传承

- 城市文脉的传承
- 威尼斯人的梦想
- 第二视角
- 梦回开埠
- 土生土长

# 3 文脉传构

## 3.1 城市文脉的传承 ①

文脉传构意指历史文化名城、历史街区以及传统村落的核心价值是其蕴藏的文化的价值，其保护发展已不再是风貌协调或不协调的问题，外在的形式只是表象，其内在的实质在于品质协调或不协调，文脉的上下文的承启关系与所持的建设观念已经具备讨论的意义，因此文脉传构将作为一个新型城镇化建设发展的本质意义来进一步思考。

基于此，我们提出"壳体"与"活体"的概念，作为文脉载体的传构理念探索。"壳体"是承载历史文化、生活的方式的载体，而与之相对的概念是"活体"。"活体"是壳体内的生活方式，是一个空间形态的文化组织，是指生活在其中的人与存在于其中的生活方式与文化观念。在壳体之下所承载的文化与生活方式，即活体是我们力图追求的。

文化遗产是千百年来祖先留给我们的宝贵财富，是民族精神和气质代代相传的纽带。"凝望非遗，记忆乡愁"，文化遗产的传承与延续还需进一步深入群众的生活方式中去激活，通过接地气的更新方式让流失的文化"活"起来。当今，"全球一体化"的浪潮成为当今世界的文化基本形态和特征，在历史文化名城、历史街区以及传统村落建设的方面；如何寻找中国城镇传统文化的自信，对新型城镇化"文脉"的梳理，并在新型城镇化建设发展领域中如何实现"传构"的建设观念，是当前学术研究和建筑实践的一个重要话题。结合"壳体"和"活体"的概念，我们从聚落文化、传统古镇和城市文化遗产三个层面，结合设计实践，来探讨城市文脉传构的问题。

在传统聚落文脉的恢复与传构层面，我们以泸沽湖少数民族聚落为例。壳体的解构其实就是追忆美好生活的一种方式，生活方式的植入是达到文化启蒙的目的，我们文化遗产的本质是空间形态的生活遗迹，具有强烈的空间特征，是可以承载也可以通过留下的生活空间进行回述的，曾经有的传统生活方式，是传统文化的一部分，但是我们只能通过留下的空间去回述，因为这种传统生活方式我们已经失去太多了。在面临一系列的文化缺失，我们提出了演替的概念，也就是说把这种空间遗迹带来的生活遗址来做重新激活，创新性地植入与当代生活相关联的生活方式，以此来达到真正的文化复兴等。精英的进化在于选择性的突变，如果你不进行选择性的突变，那么这个空间只能背弃或者被抹杀。真正意义上的演替，该做到的是理解传统而不是要拘于传统，认真去理解一种空间形式，但也不要只局限于这种空间形式。

我们以少数民族西部的传统聚落为例，聚落自身是拥有非常舒适的生计，聚落之间相互也存在独特美感，这种美感的存在是不能单单只以保护作为一个主导的，我们也可以看到好多山村生活很富裕，这种现象往往会进行一系列的更新，而在这过程中避免不了会产生一定程度的破坏，这就会包括文化缺失。他们会以新型技术类似进行掩盖，比如说以给排水为条件构建出的一种空间模式，这种空间模式却已经否定了以原有生计为脉络的空间模式。

从1985年至今在研究泸沽湖人居环境的这些年，其聚落环境在中国乃至全世界都有其独特性。不仅是因为自然美景为世界瞩目，其中的摩梭文化的母系社会体系在全世界是不可多得的文化现象，

① 本节图文资料由黄耘景观设计工作室提供。

摩梭聚落与井干式的建筑类型也相当独特。我们看到几张图片是泸沽湖的地域景观，几年来我一直在关注泸沽湖聚落的变化，可以发现都存在不同的美感，（图3.1）的聚落关系是不一样的，从而影响了聚落的布局和空间形态。由此我会引发思考并且这几年特别关注技术带来的后文化影响，技术的参与将会重新唤醒地域文化的崛起。

图 3.1

在传统古镇文脉传承层面，我们以濯水古镇建筑保护为例。传统古镇往往拥有特别漂亮的空间形态（图3.2），其实却是曾经留下的空间形态，似乎它的生计方式和现代建筑之间并没有一个延续的关系，当然现在的居民生活的房屋，也许是政府分配得到的房子，他们不是一个生计去传承的房子，这在我们对古镇文化保护里面是特别需要了解的。谈论要严格保护什么东西的时候，其实我们都指向的是空间的壳，而不是这个壳里面装的社会文化软组织的东西。也许我们可以看到古镇形态和空间真的很美，它的建筑是完全恢复当时的技术条件来建构成的。其实我们可以反思到，大概住在里面的人并不舒适，这种现象我们如何去改变？如何去看透这个空间的壳体？

图 3.2

我们可以拿重庆黔江区濯水古镇的保护建筑来说，它们是重庆区域特有的地形地貌、气候、生态系统等自然地理条件造就的特殊类型，也是在长期的文化交融过程中逐渐显现、固化出来的建筑形态。

濯水古镇在历史上重要的地位及丰富独特的文化内涵，历史价值高，包括有移民文化、地主武装、传统手工业、特有传统工商业交换模式。现有遗迹丰富，是由于区别于其他的邻近古镇，具典型的渝东南古镇类型之一。

关于其建筑肌理，可以用重庆一句老话描述："天齐地不平"，还有"地齐天不平"，再有一种就

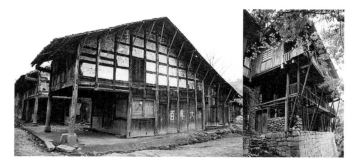

图 3.3

是"天地都不齐"（图3.3）。这样的建筑形态特征实质上就是一种重庆特有的文化形式，在我们重新塑造建筑形态时，就延续了这种山地构建的方式。（图3.4）

向街巷延伸的特色院落——樊家院子（图3.5-3.6），原为樊家宅第，三天井合院建筑，坡屋顶，穿斗木结构，纵深布局，宅院空间具有较为严谨的空间序列，以大门、二门、过厅、堂屋直至后院，递次变化，并呈现出由宽敞到紧凑的规律和特色。门厅建筑屋架延伸出街巷，架下设置座椅，形成纳凉、观戏、听书的凉亭，俗称"凉天"，实为古镇街巷空间的特色景观。（图3.7）

一些历史上遗留下来的建筑，它展现的是过去的生活文化本质，比如说濯水的五金炸药房，假如原样恢复炸药房的全部实际上是完全没有意义的，这种改造是用于展现对建筑空间保护的同时，要植入新型的生活方式的和新的理念。

原有遗址的保护跟现代生活方式的结合方式是怎样体现在我们建筑改造上的，这里有几个案例说明：

广顺号客栈实际上原本的功能仅仅是预防土匪（图3.8），那是否这类建筑的改造我们恢复的还是仅仅局限于防土匪的功能？局限性手法去更新它本身的文化实际上是毫无意义的。我们可以放大它功能特征的同时，赋予它一个新的视觉展示，这种防御性的客栈原为镇上客栈。两天井合院建筑，坡屋顶，三层木结构，入口为卷斗门，前后院子以云纹封火墙分隔，具有典型的场镇的防御性特征。

濯水地标——风雨廊桥设计理念：风雨廊桥段的长度为286米，桥面平均宽度6米。我们采用传统的穿斗式木结构形式。由于跨度大，因此在立面造型上吸纳了很多传统土家建筑的设计语言（图3.9）。该段廊桥设计强调现代技术架构的传统风雨桥体形态，从复建到风貌创新，都是对传统土家审美的现代演绎。在桥的基础形式上采用独立桥墩，以保证河道不同汛期的通行，结合100年的洪水线的标高与荷载情况，确定合理的桥面建筑形式与高度。整体为纯木制结构，建筑材料之间以榫头卯眼互相穿插衔接，直套斜穿，结构牢固精密，桥上建有层塔亭，桥内摆放有红漆长凳。在桥身设计上，充分结合土家建筑的特色，将重檐、歇顶、土家点将台、檐口升起与多层举折等手法地应用，创造了统一而变化的桥身形态，并通过斗拱形式的改良，较好地处理了桥体结构与桥身的衔接，在功能上满足通行的同时，兼顾观景、休闲经营等旅游活动。在江面

图 3.4

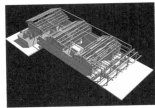

图 3.6　樊家院子 1

图 3.5　樊家院子 2

图 3.7　古镇街巷

图 3.8　广顺号客栈

图3.9　风雨廊桥

上创造了与新老场镇、滨水景观相协调的、气势宏伟的土家地标建筑。

　　濯水古镇核心区边缘的宾馆设计理念：我们采取的是既跟传统协调，同时也有创新的视觉冲突的一种建造方式，以此来反射濯水古镇空间的魅力（图3.10）：我们用玻璃来反射，用对比的方式来反射，用不同体量来区分，当这种现代视觉的冲突穿插在其中时，往往更加强调出了古镇的独特美感，也就是说存在现代的结构反而会有强烈的对比出现，就像我们建筑结合玻璃体量的构造可以向周边延伸空间意向并且进行再反射。我们就可以采用对比的方式或者其他现代性的元素来重新阐释古镇的独特魅力，这是一种很有意义的做法。

　　当然这种方式也会产生一些关键问题，比如这种做法不被当地政府领导所理解，同时在当地也会引起一些小争议，玻璃体的存在是否适应古镇的形态？玻璃体量正在面临被改变的危险，所以这就是对传统力量改变方式的一种不理解与抗性所在，并通过领导的权力将问题得到放大。那么反过来，历史古镇真正的走向又将会是什么？

　　我们经常对过去生活产生一种追忆，我们现代的一些行为举动常常暗示着曾经美好的生活方式。

面对历史文化的复兴，难道我们真的只是要把历史的鸦片馆恢复成真卖鸦片的地方吗？这种方式难道就是我们要恢复的文化吗？当然是不能操作的，我们要力图将现代生活给予一种合适的嫁接，达到新程度的文化启蒙。

　　在城市文化遗产文脉传承层面，我们以安达森遗址艺术文化中心改造为例。一些建筑文物保护过程中，需要通过在传承历史文化的基础上，通过历史建筑风貌的改造、新的功能的植入来达到整体文化复兴的目标。以安达森遗址艺术文化中心的设计为例，安达森洋行毗邻重庆市两江交汇处，依山而建，背山面水，地处慈云寺旁，与朝天门隔江相望，是此区域滨江重要景观之一，景观视野开阔（图3.11）。洋行占地面积10000平方米，建筑面积3200平方米，现仍有仓库建筑5栋（图3.12），土木结构建筑，各仓库均采用人字坡小青瓦屋面，大梁穿斗结构，筑土为墙，石质基座。该遗址历史悠久、在重庆开埠史中占有重要的地位，同时又是故宫文物的存放地点，具有重要的历史价值，对研究重庆开埠史、抗战史提供了丰富的实物资料。

图3.10　濯水古镇

图 3.11　安达森洋行　　　　　　　图 3.12　仓库建筑

　　我们要做的就是在承载历史的基础上，等待涅槃的重生与释放，所以我们秉承三个原则。原真性原则：在恢复、修复、利用文物时不要仿古、仿假、混淆，尽可能保证其原真性；最少干预原则：保留原有结构与材质，用现当代材质加固；新加构架独立承重；可复原原则：严格区分历史部分与后加建部分，同时尽量不破坏原有遗址遗迹，有待以后可恢复。

　　在此基础上我们保护和利用安达森洋行的历史空间资源，打造以文化艺术遗址景观为核心的，具有文化会展、活动交流、艺术创作、商业活动、商品促销等多功能的综合性平台，缔造南滨路艺术新高地。而不是一味地原貌复原。屋顶展示系统（图3.13）：观江、观景、观建筑，风貌建筑采取了嵌入平台的改造方式，将原有空地整合成大跨展示空间。文保建筑在临江面架出观景平台，在不影响观江视线的基础上，增加屋顶平台空间，串联屋顶观江系统。

　　将原有空地和建筑整合成大跨展示空间，增加屋顶平台系统

图 3.13

（图3.14），丰富景观层次和空间多样性。对遗址固有的夯土，青石墙面进行保护，用现代营造技艺去延续最艺术的历史记忆（图3.15），现代材料对旧有遗址进行保护与利用，可以创造展览空间的景观的多样化与艺术性。

新的与传统的且然分开，而我们改造的目的除了有保留文物性的东西之外，最重要的还是要通过这些手法展示传统建筑空间的实质。作为这个目的，可以区分出来严格保留与可延续的文化，会把建筑空间的改造力图进行展示美好的部分。

引入"壳体"与"活体"的概念，是为了不仅仅关注物质层面的历史文化保护与更新，而应该更加关注其中的居民，居民的生活方式与文化习俗。我们通过聚落的演替、濯水古镇的保护实践以及安达森洋行的案例，其中采取的改造方式，就是力图在追忆物质与文化、建筑与居民、生活与观念之间的一种和谐共生的关系。这样的文化激活与传承应当是在如今"全球一体化"浪潮中努力发展的。

图 3.14 屋顶平台系统模型

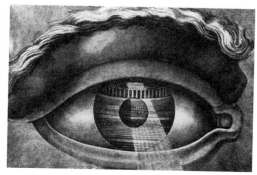

图 3.15 建筑内部模型展示

## 3.2 威尼斯人的梦想 [1]

朱莉奥·拉曼达 Giulio Lamanda

*规划师，独立顾问*
*曾任职于意大利经济部、外交部*

我想和大家谈论一个我们在建筑学中发现的新现象，一般来说作为一个设计师，进行建筑设计基本上要利用现有的材料进行设计，对于设计师来说他们的活力就是整个城市。我在中国有一些经验，以及在中国做的设计项目，我希望能把在过去中国旅游的经历，结合一些建筑想法整合到我的建筑设计理念中去，希望在未来能够使用到这些理念。

这张图是一个非常著名的法国设计师设计的（图3.16），我

---

[1] 本节图文资料由 Giulio Lamanda 先生提供。

图 3.16

图 3.17　古代的威尼斯

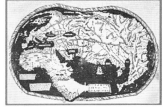

图 3.18

图 3.19

图 3.20　马可波罗时期的世界地图

图 3.21

想为大家分享一下，作为一个建筑师，一个实体的建筑或者建筑物就是我们的生活，我想为大家解释一下，这个理念跟我们的城市之间有什么样的关系。比如说威尼斯，图3.17是古代的威尼斯，我想跟大家简单说一下威尼斯整个城市的生活，因为跟我讲的理念有很大的关系。我想把这个作为一个案例研究。

我非常喜欢威尼斯这个城市，大家可能从威尼斯湖的油画知道，对于重庆来说威尼斯是一个非常奇怪的城市。从地图可以看到，意大利是丝绸之路的西端，而中国是在丝绸之路的东边（图3.18）。在15世纪的时候整个威尼斯是欧洲非常重要的城市，重庆跟威尼斯的纬度基本差不多，所以无论是古代的丝绸之路还是现在提出新的丝绸之路，威尼斯和重庆都是在丝绸之路两端非常重要的城市，他们之间有非常重要的共同点。（图3.19）

我们看一下马可波罗时期的世界地图（图3.20），我想大家对这个名字肯定很熟悉，马可波罗当年是一个年轻商人家庭的儿子，他从威尼斯出发，从一个西方的国家来到了一个东方的国家——中国，所以从马可波罗时代，12世纪的时候，欧洲最重要的金融中心就是威尼斯，当时威尼斯是欧洲最重要的城市之一。

这是古代威尼斯的地图和现在威尼斯的地图（图3.21）。威尼斯是由几个岛屿组成的，整个威尼斯都是在海上，所以威尼斯得天独厚的地域条件使它成了一个非常重要的金融中心。

在威尼斯的北边是非常大的陆地作为支撑，从这个平台威尼斯成为欧洲最重要的商业贸易中心，威尼斯有很多航道可以把东西直接带到东方。当然今天威尼斯发生了翻天覆地的变化，新的城市变化。有一位设计师提出威尼斯就像一个动物，这个动物明确了自然的力量，大家看到威尼斯好像有一双翅膀（图3.22），这个翅膀驱动着威尼斯一定要找到它的目的地，找到一个归宿。所以在威尼斯重新发掘古代希腊的一些理念，来对这个城市进行重新规划和设计、建造，特别是古希腊文明中的一些理念。

威尼斯在船舶制造方面非常强大，就好像是一个活着的生态系统一样，因为威尼斯得天独厚的位置，需要造很多船把商品运送到世界各地。从图3.23和图3.24中可以看出不光是建筑，我们还看到了很多元素。整个城市是一个运动的城市，这就是城市的力量所在。所以，大家看到的这些船只，对威尼斯来说可能比建筑更加重要。大家如果看到今天威尼斯的图片，其船舶依旧横穿在城市的各个部分，这是威尼斯非常重要的一个特点。（图3.25）

到底城市的力量是什么？是自然？是神？是自然景观？还是整个城市的管理呢？诸如此类。我想为大家叙说的是威尼斯著名的几大家族，而这些家族在几个世纪内对威尼斯进行管理，他们创造了威尼斯独特的政治体制。在整个威尼斯大约有250个重要的家族，他们管理着贸易，管理着威尼斯周边所谓的殖民地，所以这是一个以家族为主的管理体制来管理着威尼斯。他们管理着威尼斯的各个方面。他们就好像我们的土地或者城市的保护神，他们是银行家，这些管理者有不同的个性，这些个性影响到的不仅仅是一个城市，还影响着其他城市，所以我们威尼斯的保护神是狮子，是一只会飞翔的狮子。（图3.26）

这是城市生活的源泉，城市生活的源泉是一种集中，什么样的集中呢？就是整个管理集中的一个表现。这个城市会有一些庆典活动，从庆典活动中发觉城市的活力。大家可以从图片看到很多庆祝活

图3.22 威尼斯历史图

图3.23 威尼斯的船舶1

图3.24 威尼斯的船舶2

图3.25 威尼斯的船舶穿梭在 图3.26 威尼斯飞翔之狮
城市之间

图 3.27

图 3.28

图 3.29

动的细节，从这些窗户里面大家看到基本都是女性，这是一个非常有趣的现象，有可能这个现象就代表女性从窗户里关注着男性，好像整个城市就是完全男性与女性之间的关系（图3.27）。从我们的窗户里通过地中海来看外部的世界，通过这样的方式我们也有很多东方的建筑元素，也结合在了威尼斯的建筑实践中。

大家从这些立面，威尼斯现在的立面，看到有一些中国的元素，也有一些阿拉伯的元素，整个威尼斯的设计包含了很多跟其他国家有关的元素（图3.28）。这些得以实现都是因为威尼斯繁荣的贸易所带来的。威尼斯作为一个模范，特别是建筑设计的范式，这种生活的方式，帕拉第奥觉得威尼斯本身的文化会消失，因为有太多文化之间的融合，所以他就把一些新古典的建筑方式，包括帝国建筑的元素引入了威尼斯的建筑中，由此开始研究古典建筑（图3.29）。

大家可以看到有好多建筑图里面所展示的都是古典建筑的一些元素、技法（图3.30）。如果你关注威尼斯的地理环境，因为它正好处在地中海的中心，因为贸易的发达，有很多科学、文化等其他元素不断涌入威尼斯，所以在建筑中应该体现各种不同的元素。帕拉第奥希望改变整个城市的面貌，包括主要的广场，把广场进行了一个改建，能够为市民所用（图3.31）。然后在城市里面修了很多拱桥，这些拱桥基本都是罗马式的。拱桥的设计理念是帕拉第奥对城市改造给出的一种方案，而这种方案也为城市所接受（图3.32）。

图3.33是圣马可广场，圣马可广场就是一个古典主义的体现。帕拉第奥有机会在威尼斯实现他的建筑计划，特别是围绕着这个眼睛，旁边有很多小的城市，包括普拉多瓦唯诺曼他们的文化，所以在城市周边有很多小城市都采用了威尼斯新的建筑模式。

这是意大利非常著名的一个城堡别墅（图3.34），这种建筑的方式就像以前的神庙一样，所以威尼斯主要的家族他们把宗教信仰认为是他们的根基所在，或者说整个宗教社区融入了建筑，因为他们认为威尼斯很长时间会成为一个民族政治中心，所以他们要向大家展示我们过去的遗产、过去的文化、过去的宗教到底是怎样的，要把它展示给民众。所以他们在建筑中引入了一些非常重要的元

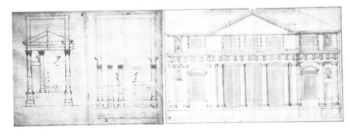

图 3.30

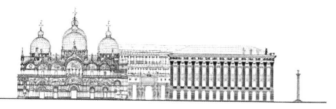

图 3.31

图 3.32

图 3.33

素，比如剧场（图3.35、图3.36），剧场不仅仅是一个建筑，同时也是我们冥想思考的场所，剧场就是建筑在城市里的某个角落，也就是说你穿过剧场直接在城市的中心，所以剧场和其他元素和谐地结合在了一起。从这儿大家可以领会到这样一个设计理念，就是把一个城市的文化和建筑形态结合起来。

图 3.34　意大利城堡别墅

图 3.35　剧场 1

　　从不同的纬度来关注这个城市的建筑，如果你要在威尼斯居住的话，一定要找机会去研究我们这个水上的城市，研究这个城市如何在水上生存（图3.37）。就好像我们的小拱桥和透视风景画一样，如当时非常著名的透视风景画（图3.38），通过这个透视就可以把整个城市的风景直接投射到小屋里面。意味着什么呢？你在海上就能观察到整个城市的生态，在水上就可以关注到所有城市居民的生活，为我们描绘了一个画面——整个城市的活力。

图 3.36　剧场 2

图 3.37

　　水中蕴含着威尼斯人的梦想，在水中你可以感受到威尼斯这个城市的伟大。在这个城市你走走看看的话就可以领会到它的文明和文化，我这些图片就是想给大家展示再次去发现这个城市。这是非常漂亮的图片，但是现在已经不存在了，前面我给大家展示了一幅油画，这个油画里刚好描绘了这个桥（图3.39），我觉得这个设计是非常不错的。

图 3.38

图 3.39

　　这是非常著名的蒙德里安的作品（图3.40），蒙

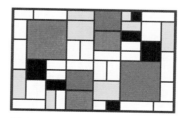

图 3.40

图 3.41

图 3.42

图 3.43

德里安如何反映我们自身，如何把这个自然环境反映到我们的思维中。

最后为大家最后展示一座建筑，这是北京的一座建筑，这座北京的建筑好像基本上就跟我们上面山峰的形态是一样的，我们看到两座山峰上面还有梯田，所以我们就是完美地展现了自然环境。这个建筑就是我们研究自然、运用自然一个很好的典范（图3.41、图3.42）。

最后一个是扎哈·哈迪德在北京的设计，这就像是中国自然中一个丛山峻岭的体现，所以我觉得这是西方的文化和中国自然环境的一个完美结合。（图3.43）

## 3.3 第二视角 [①]

西尔维娅·提拉里
Silvia Giachini Tiranni

Tiranni Architectural Design 创始人
高级注册建筑师
建筑保护和环境资源保护专家

我是一个专业的建筑师，为了能够讲清楚，我会给大家看一些图片，解释我们工作室的一些工作，主要是我们在中国开展的一些项目。同时我们也会提到在意大利的一些项目，包括与我们的伙伴——罗马非常著名的设计事务所共同开展的项目。

我对设计充满热情，这也是我来到这里的原因，因为我们可以为人们创造非常喜爱的建筑作品，我的建筑工作室重点是让建筑能够使人们感到舒适、愉悦。

这个项目是在项目离成都不远的地方的一个项目，这既是一个体育设施所在，也是娱乐设施所在地。这是一个概念设计阶段，我们会给出一些对环境改进的建议（图3.44）。这是运动场（图3.45），这是图书馆和博物馆的综合馆（图3.46），从中可以看到绿色和阳光是我们的重点，我们会充分利用阳光，让它进入室内，能够提高室内的舒适性和带来温暖的感受，同时也会提到一些相关的立面设计。这是成都温江附近的一个场地（图3.47），我们有许多的公共空间用于展示、用于进行展览的公共空间。这是可以供人们租住的房屋，可以按月租住，可以充分享用周围的文化公园。（图3.48）

这是一个宾馆（图3.49），我们希望能够融入一些现代元素，比如大的湖泊，这不是一个常见的设计，这也是中国人的一种理念，中国的顾客非常喜欢中心位置的建筑，我们也喜欢中心化的视角，比如说湖泊位于中间，其他环湖而建，所以人们的看法和设计师是不尽相同的，这也是一个问题。

图 3.44

图 3.45

图 3.46

图 3.47

---

① 本节图文资料由 Silvia Giachini Tiranni 女士提供。

图 3.48

图 3.49

图 3.50

图 3.51　通风设计图

图 3.52　游客中心

图 3.53　游客中心的玻璃幕墙

图 3.54

图 3.55　最新项目的游客中心

图 3.56

这个项目有一些酒吧和公共空间（图3.50），也有一些可供垂钓的区域，在第一期的工程当中并没有融入第二期的理念，人们可以在道路和湖边休闲，同时我们在四周建立了办公楼和住宅区，它不仅是生态友好的，同时也是对居民友好的。我们可以充分利用河流所带来的神清气爽，同时我们也可以充分利用这个社区的便利设施。

这里是我们的通风设计（图3.51），可以通过这条红色的虚线看到，以及充分利用雨水的循环系统。有些水库旁边覆盖了大量的绿化带，所以我们既可以在湖边行走，也可以在绿化带中享受环境。我们会充分利用绿化屋顶，既可以将房顶进行绿化，并且提升其环境。这里我们用到了内循环的概念，使我们可以更好地避免污染。

这是一个我们获得了一项竞赛获奖的项目，我们不仅关注城市规划，同时也开发新的旅游城市。这是游客中心（图3.52），这个游客中心窗户上的装饰采用的是像飞鸟一样的形状，整个造型也类似于飞鸟。在北部可以看到一些重要的战略，可以看到北边墙的造型要小于南边的墙，这样我们可以让更多的光照进入建筑内部，通过玻璃幕墙使更多的光照进入建筑内部，这个项目也获得了很多奖项（图3.53）。

我作为首席设计师在这里工作，城市的部分是一个新城，我们可以看到这里同样有一个游客中心和商业中心（图3.54），这是我设计的游客中心（图3.55），他们承诺会在一年内建成，预计在9月底建成。一般赢得设计竞赛的时候我们通常需要等待许多年才可以建成，所以中国的速度还是非常快的。我想也许在意大利甚至要等到15年以后才将你的设想实现。这是我们的一个设想，这是一个典型的渔村建筑构造，他们非常类似，我们也希望能够以一种现代的方式重现中国的古老建筑风格，我们用到了木质和其他材质相结合，在中国用得较多的材料是木质，这是我们希望能够设计现代的景观，需要呈现中国的传统风格，要融合现代元素。希望人们喜欢这个地方。

这是另一个部分，非常典型的老式桥梁。（图3.56）最后是一个典型的住宅设计，我们用到了一种意大利的方式，来设计其景观，所以我们融入了一些水的元素（图3.57）。

图3.57　住宅设计

## 3.4 梦回开埠 [①]

**陈雨苗**

高级工程师，一级风景园林师
日清城市景观设计有限公司董事长
重庆风景园林学会景观专委会秘书长

跟大家分享一下我们如何去打造在重庆滨江地区一段开埠时期的建筑，题目为《开埠时期中西合璧建筑修复与构筑实践》。

重庆，南岸区滨江地区见证了开埠时期的繁荣，真正的"洋人街"，留下了对外开放的印记——重庆，这些是大概五、六十年前的照片（图3.58）。

当然，一直到十五六年以前这张照片所看到的建筑都还在，但是在十多年以前这张照片就开始蜕变，这些所有我们看到的历史印迹的街道和建筑都在消失（图3.59）。

消失不仅仅有破烂的建筑，看起来没有价值的这些东西，但是我们今天回头去看，才知道同样消失的不仅仅有我们的记忆，还有我们的生活。其中

图3.58　开埠时期的　　图3.60　龙门浩小学遗址
"洋人街"

图3.59　逐渐消失的历史街道和建筑

---

① 本节图文资料由陈雨苗先生提供。

图 3.61

图 3.62　老建筑原貌

图 3.63　废墟

图 3.64　恢复后的建筑

龙门浩小学，即袁隆平先生所就读的学校，现在也没有了（图3.60）。

我接手的时候，《一双绣花鞋》老电影拍摄地的一栋楼垮掉了。我们的生活方式以及里边的内涵也在快速地消失。好久没有看到赶场的这种地道农产品，这些都慢慢消失了（图3.61）。

大约在11年以前，我们城市文化的一位守护者何智亚先生写了几本书，他在一次会议上发出了他的呐喊，呼吁大家关注和拯救刚刚消失的这些老建筑。我作为他的学徒和追随者，在11年前我就开始试图去恢复这一片开埠时期的历史建筑。

左边是原来的样子（图3.62），右边是我接手后的样子（图3.63），已经是一片瓦砾，唯一留下一栋建筑，就是在正中间《一双绣花鞋》拍摄地的建筑。

我们开始从策划、规划、调整、设计开始，一点一点的呈现出来，现在在重庆的这片废墟上，我们已经开了一个头，总共有五栋历史建筑，4300平

方米的老建筑，把它恢复起来了。（图3.64）

这段历史是当年英国人来到时，我们都知道南滨路有1891，为什么是1891呢？因为1891年是我们的开埠年，是我们的开始，1891年有很多洋行，来自于英国、意大利、美国等很多国家的使领馆、商号来到了重庆，当时的清政府不允许他们住在渝中区，最开始只允许他们住在南岸。于是他们在南岸就开了很多商号，其中这片建筑就是英国开的商号。前面的建筑是他们的仓库，后面的建筑是他们的办公区域。

我们在做历史建筑修复的时候，是秉承了传承和创新，从这两个角度给大家稍微阐述一下。开埠时期的建筑到重庆，重庆人很伟大，无论是哪个国家的东西，拿来都得整一个中西合璧，都把传统中国的东西和西方的东西想办法结合在一起。这个楼是西班牙风格的楼（图3.65），周边的风火墙也是重庆的符号，中西文化相交融，要有这个勇气融合在一起。

我们修复的是什么呢？也是不排斥所谓冲突的语言和文化，把它留在一起。有比较纯粹的偏法式

图 3.65　中西文化交融的建筑

图 3.66　　　　　　　　图 3.67

图 3.68　建筑中的符号体现

的，也有中国文化的（图3.66）。在很多细节里都可以看到东西方文化的交融，在中间上面这个位置从图片上可以看到它的窗花照理说是意大利的符号，但是中国人也搞不清楚意大利的符号是什么，因此就标了中国的菜叶子上去（图3.67）。

从另一些建筑也可以看到这些符号，这些符号也不是很纯粹的西班牙特征，包括所谓的祥云符号，都是重庆工匠人的智慧（图3.68）。

图 3.69　收集来的老材料重新组合

我们把相应的传统材料和手工艺拿来做传承，也许有一些建筑师会问，把老东西材料收集起来以后重新再做，还是不是那样东西？在我看来，不必去纠结，修出来还是不是原来一个样，我用了一个词叫作"精神的传承"，你只需要用传统工匠的手艺来做，但是你的工具肯定是新的，你做出来的东西有可能是很原始的，也可以有很新式的，你是否有工匠精神来打造这个建筑，照样能让人感受到这个文化，这个文化其实是精神的传承，没有必要去纠结所谓哪一个空间是否百分之多少的原汁原味。你作为一个人也不是一模一样，因为你每天都在

图 3.70　空间和环境的创新关系

变。清华大学一个建筑系的系主任曾经在天津的一个学术论上讲过这个问题，他说如果你纠结的话，可以去看一下清代的工匠如何去恢复明代的建筑，而明代的建筑师如何恢复唐代的作品时，他们既有传承，也有创新，一定是往前走。因此，我们用这种工匠精神做出来的东西可以做得很精美，但是你也不必纠结。我们收集了大量的老材料去重新构建在一起，可以看到后边的石材从各地收集来，他的时代、年代都不完全一样，但你也可以把它组合在一起（图3.69）。

但是可不可以创新呢？可以。我们的第一栋楼用了现代的木结构体系，第一栋楼原来重庆原木的行架木梁结构已经不能展现了，因为现在找不到这么好的干料，也无法通过相应的验收。因此，我就引入了美国的交割梁，这种木结构可以需要一百年不维护。

我们的材料工艺也可以相应的有所创新，既可以做很纯粹的木结构，还原原汁原味的窗户，当然这个窗户外面的木头是原汁原味，但是里边的玻璃照样可以去做双重的夹层玻璃，门窗外面照样可以做得耐候性很好。

空间和环境的关系也可以创新，建筑可以借着这个地形直接而上，可以把建筑和环境完美地融合在一起（图3.70）。

永远的建筑修复带来收获的同时也会带来困惑，比如修复度的把握——原真性与功能配套的矛盾、管理思路的困境等，从建筑师和规划师来讲这永远都是一个在路上的过程。

## 3.5 土生土长 [1]

杨劲松

CMCU 创作中心主任，高级工程师
重庆十大青年建筑师
十合舍青年建筑师论坛创始人

我从对传统建筑与信息时代的对话，这一角度跟大家聊一聊，分享一下我们的经验。

赖特说过，"土生土长是所有真正艺术和文化的必要领域"。这张图片是美院的庞教授提供给我的，当时我看到这张图片还是非常震撼和感动的，对于一座城市来讲，老建筑是城市文明的重要标志，它不仅承载着一代代在这里生活者的记忆，还是构建城市特色风格的"筋骨"。在这张老照片里面，所传递给我们的信息是一个城市如何在具有鲜明地域特征的地方，如何生长起来的阶段。本来我想这张图片是作为一个对比的，后来我想了一下把一个现代的重庆，南滨路的景观和这样的城市景观做对比，后来我放弃了。因为，我觉得这样留给大家的印象会更好。

前面都是一些老照片的回忆，这是我们以前的一些生活方式（图3.71），可能现在发生了一些变化，但是我相信这些记忆，网上有一个评价叫"一个魔幻主义的城市"，我认为这是非常贴切的。

所以，我们觉得要重建重庆的记忆就需要更多的建筑师为之探索和坚持。其实说实话，应该说在十年前我并不是一个对传统文化、传统历史感兴趣的人，我那个时候追求的更多是来自于一些西方的认识，后来我们才发现单纯地追寻一些外在的东

---

① 本节图文资料由杨劲松先生提供。

图 3.71　记忆中的老照片

西和一些表面的东西，随着时间的推移会越来越不确定，后来我们发现其实当我们回过头找寻曾经的记忆时，那种自豪感和存在感会越来越加强。重建重庆记忆需要更多建筑师为之探索和坚持。所以，我们这次给大家的一个观点，我们就会跟传统建筑记忆之间从三个部分和大家进行解读，因为今天在场很多是非常年轻的跟设计相关的设计师，其实我在想，我们做一些文化和传统，除了去理解历史文化、文脉以外，去传承我们对空间、对建筑、对艺术的追寻以外，其实还可以看到还有建筑文化传承的另外一面，那就是技术。

所以，在第一部分我会分三方面进行解读，第一个是我们如何对传统建筑进行性能化的分析。第二个部分是我们在传统建筑理念，能找出一些关于绿建技术的内容，也可以把我们未来在修复和更新过程中所需要规定的建筑技术搭接。第三个部分是现在大家谈得比较多的BIM在整个传统建筑立的论述。

第一个部分就是以性能化分析手段解读传统历史的街区。这是我们正在做的一个项目，我们也试一下，因为我们在做这个项目的时候发现来自于很大部分的压力，这个压力有一部分是来自于政府和文化传承方面的压力，另外一个部分实际上是来自于我们的一些开发商还有业主之间的压力，实际上他们的诉求是不一样的，但是我们经常在谈论对一个历史保护街区或者历史文化街区这个逻辑的时候会发现，在两者之间有非常大的冲突，我们还暂且不谈规划师和建筑师自己的一些职业内涵。在这个点上的时候我们发现必须要把整个内容结合到一个平台上，比如说一般的业主和开发商，始终会认为传统建筑的一些格局、构架，包括结构形式和外在的维护条件达不到现在对商业建筑的追求。所以在这一点上我们就试着对一些传统的文化建筑、传统的历史建筑做了一些性能化的分析，我们从光、风学，还有热度性能做了一些分析，我们会发现在传统建筑里的使用特征上，大家都知道劳动人民还是很有智慧的，所以我们会发现，重庆的一些传统建筑，包括吊脚楼和一些砖瓦建筑的结构，在结构形式上、窗方式上，以及在坡屋顶的处理和被动式遮阳有非常好的光学特征。所以，我们在这上经过分析以后，可以找到一些理论和依据。我们也对整个内容找了一些片断和个性化案例做了解读分析，然后能达到我们对系统化的一个理解。

第二部分是实用主义融合传统与创新绿建的策略。这个部分是我们把传统建筑的一些格局、一些

图 3.72

材料，还有包括我们所持续设计的方式结合我们整个系统化分析的内容。我们会发现在今天谈绿色建筑分析，其实在重庆的传统建筑，几乎80%的层面已经达到了绿色建筑的要求，包括建造方式，所谓的本土材料，以及可持续发展和建筑材料的重复利用，以及能在80%的层面达到要求。还有一个就是包括绿建在气候营造方面的特征，我们的底层架空、吊脚楼、坡屋顶形成的门顶层，以及在传统里形成的冷巷子这些格局。实际上通过我们的分析和对手段的整理，会发现在传统建筑里一样可以利用非常先进的硬件技术内容。所以在这块上，我其实也是跟各位分享一个感受，当我们把现代的语言建筑在一个比较通常或者大家都能理解的时候，分析和沟通就会变得通畅，这就是我的一个心得（图3.72）。

这是我们在后期一些可持续发展技术的运用，包括对新材料的理解，因为重庆我们大家都知道，传统建筑里有土墙、风墙，还有夹板墙，实际在性能上是比较突出的，为什么现在没得到利用呢？是因为我们工法和技法的缺失，以及我们现在对环保方面的一些要求，而传统的技法可能不太适应现在的关系。但实际上就像刚才陈雨茁教授提到的，在我们运用新的一些改造手段时，只要发挥我们所谓的工匠精神，一样可以找到对传统材料的认识。我们前段时间看了重庆的一部电影《火锅英雄》，大家谈到为什么我们会在防空洞里吃火锅，实际上这

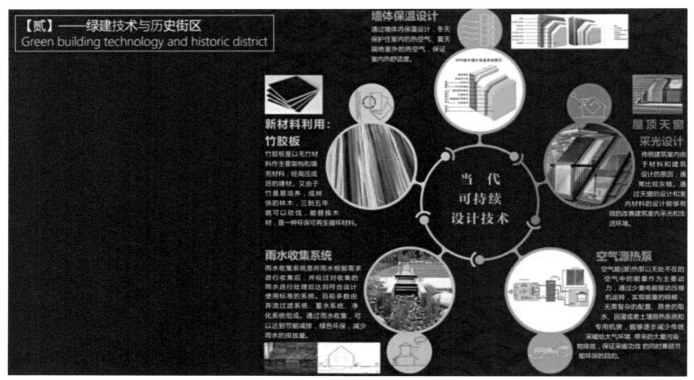

图 3.73

也是一种建构方式，在那样的温度、通风条件以及湿度条件下吃火锅是最好的享受。所以，如果我们把这种实用性和特征性进行结合的话，我们会找到更多的方式。我谈到火锅的时候，重庆这种山地特征有一个非常重要的性能，就是整个形成的地缘热泵的效应是非常强的，比如为什么在靠近堡坎的下面有冬暖夏凉的效果，实际就是地缘发生的一个传达。所以在这方面，未来在山地建筑的特征里也有很多可以运用的技术（图3.73）。

第三个部分就是利用信息化手段来延续历史建筑和街区。谈论的内容里有五个关键词，第一个是测绘，我们都知道在传统建筑里要建构本来的信息，我们需要一些测绘手段，第二个是我们的设计，第三个是施工，在施工过程中如何运用信息技术来发生工具和手段的融合。第四个部分是经常容易忽略的，就是在维护阶段的作用，而这种手段在风貌建筑里作用更加明显。第五个部分就是承载，我们都知道历史的东西有很多已经消失，所以在这一点上我们提出了一个逻辑，如果我们在物质条件下、性能条件下已经严重破损或者消失，我们希望用数字化的方式，能够将这些信息得以保留、存留。而且另一方面，在存档的过程中，我们都知道传统的一些工法和技艺是靠传承的，包括现在留下的一些文字信息和图片信息，再过了一定的历史阶段也是缺乏解读的。所以，在这一点上我们希望利用信息技术，使传统的一些东西在虚拟世界或者是在数字世界中能够得以保留和保存。而未来在接手传统建筑、接手保护建筑，不管是个人还是业主手里，他其实可以运用这些存档的资料，对这个建筑有更深的一些认识，而且这个认识是可视化的，也是可以发展的。

这就是我们曾经做过的一个文物保护建筑，是民国时期的国立中央图书馆旧址，是邓家祠堂的一个测绘。这个建筑实际上是一个祠堂，里面是一个两姓院子，现在得以保留的是一个单姓院子的格局。我们在考察时发现，不光是中西合并，在里面还有很多关于伊斯兰建筑的符号，我们觉得也非常有意思。这是我们建成的一个效果图，这是我们在建设施工过程中的一个资料收集，这是最后呈现出来的照片，可以看到建筑的工法基本上得以保存了原来的东西。而这个建筑不只是在结构形式上，在屋架的形式上，还有一些特殊的结构工艺上，我们采用了非常多的新技术和新材料，但是我们尽量还原这个建筑在传统技艺中的内涵。

这个建筑我们不能用最传统的"测绘、设计、修复"的方式更新（图3.74），我们觉得更新理念应该存在于整个构建过程，所以我们把所有资料和细节进行了一个汇总，搭建了这个项目的自身板块，包括哪些地方我们运用了一些新技术和新材料，哪些地方我们运用了老材料，但是它的破损程度以及可维持的程度我们会做档案收集。也就是说未来这个业主拿着我们所建构的档案平台，可以对建筑发生很多的认识，未来在他的岁月中这个建筑我们相信是可以解决的。而且我们在中间建构的过程中，实际上可以调整、修改，结构安全性会专门的标注，包括未来的修复，实际上迅速地就可以给我们的成本体系、材料采购体系发送关联，也就是说未来这个建筑是可以传承的。可能在我们子子孙孙那一代，只要他拥有了这个建筑的现状，拿到了我们所提供的历史档案，这个建筑还可以延续。

2.设计
Design

图 3.74

## 新型巧筑

关注从建造的角度探讨设计对地域问题的反思与回应
- 新技术的介入
- 皇宫的重生
- 归属感设计
- 小房子的故事
- "老瓶与新酒"
- 多元语汇

## 4 新型巧筑

### 4.1 新技术的介入 [①]

在全球化背景的影响下，经济的快速发展与人们生活方式的改变，已经对传统城市空间产生了深远的影响，传统建筑的风格与形态已逐渐被现代化建筑取代，丧失其地域性与本土化特色。面对"千城一面"的地域性文化缺失现象，我们应该在现代性与本土化之间寻找平衡点，关注对自身文化特色的表达以及对原创性的追求，探索新型技术对解决建筑地域性问题的可能性。

生活方式的改变产生技术的更新，新型技术的介入可以平衡传统建造技艺与现代人需求之间的矛盾。我们希望通过传统建造方式的延续与创新，带来建筑的地域性回归，以及传统建筑诗意的延伸。我们的建造方式并非对立与颠覆传统，而是在尊重场所文脉，延续传统结构方式的基础上，设计出极具美感、功能完善、空间灵活多变、能满足现代人需求的方案作品。我们倡导传统空间的现代化演替、根植地方特质的绿色生态建造手段，以及能满足当代人们生活状态的在地性设计。"新型巧筑"便是在传统的基础上利用创新的巧妙结构来满足功能需求等问题，这种创作方法在保留本土化建筑特色的同时，巧妙地解决了传统建筑与现代生活方式的不适应性，带来了传统形态、空间理念的更新与提升。

与传统建构的对望需要建立在对传统文化的认知上。以传统山地建筑为例，巴渝传统山地建筑具有鲜明的形态特征和地方特色，受到地形的影响，巴渝建筑大多巧妙地顺应地形，依山而建，从而形成了高低错落的爬坡式建筑群落；受到气候的影响，巴渝建筑一般采用长坡屋顶（图4.1），这种屋顶形式有利于增强建筑对自然的适应性，正是由于巴渝地区特有的自然条件，造就了巴渝建筑独特的建筑形态和视觉美感。濯水古镇便是最具典型的渝东南古镇类型之一，拥有顺水就势的古镇格局，古镇建筑的营建方式也顺应了自然的山水格局。汪家二号院子是濯水古镇山地滨水院落的典型代表（图4.2），为木结构穿斗梁架，建筑依山

---

① 本节图文资料由黄耘景观设计工作室提供。

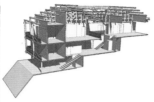

图4.1　巴渝建筑屋顶　　　　图4.2　汪家二号院建筑解析图

而建，室内结合地形沿着滨水台地，产生了丰富中庭空间变化，灵活解决交通与采光，檐廊空间与庭院天井之间多以通畅的过道、穿廊直接相连形成宅院四通八达的交通系统，极好地体现了土家山地建筑的风貌特色，展现了"天平地不平"的特色古镇建筑风貌。

　　再如，四川省的福宝古镇展现了传统山地建筑的形态美感（图4.3），古镇高低错落、鳞次栉比的屋宇千姿百态，排排吊脚木楼错落有致，随山势起伏，山地建筑的美感体现得淋漓尽致。美感形成的机制是顺应地形的需要，福宝古镇建筑采用了吊脚楼形式，房屋尽量往上发展，减少对地面的损害，以争取更多的空间。然而，极具空间特色和形式美感的福宝古镇，由于不能满足现代人生活方式的需求，大多数房屋已经闲置且无人居住。由此可见，虽然传统建筑顺应了自然的特征，但仍面临着一系列问题与挑战，问题的解决取决于建筑结构的优化和升级，为此，我们试图保留传统建筑地域性特色的同时，对山地建筑展开适应性营建方式的探索。

　　重庆市南岸区黄桷垭正街的公房改造，是我们对山地建筑建造方式的一次全新探索。历史悠久的黄桷垭正街曾是川黔步道的必经之路，街区内的建筑具有典型的传统巴渝建筑风格，现多数房屋已破败不堪、功能衰退。本案便是突破传统结构的一次创新设计（图4.4），由于受到山地地形及两侧建筑

的限制，原建筑面临进深长、隔间小、通风采光差等问题。在创作过程中，我们采用"一刀切"的空间模式，将切割的建筑体块向上提升并与山地地形相契合（图4.5），增加高低错落的建筑界面，有效地解决建筑进深长带来的通风采光问题，向上延伸的空间符合"占天不占地"的巴渝建筑特点，可以有效地适应地形、利用空间。与此同时，我们试图保留传统建筑的美感，通过传统结构创新的方式满足当代人们生活及观景的需求，如采用钢结构替换传统木结构，创造舒适简洁、开敞明亮的内部空间；利用长坡瓦顶增设屋顶平台，打造适合山地特色的屋顶生活，增加建筑的趣味性与环境的互动性（图4.6）。

　　建筑和环境的互动应该是当代的，建筑肌理与周边的古镇肌理应该是相容的。我们希望建筑外形可以延续和突破传统，但内部空间又是绝对的当代，要能

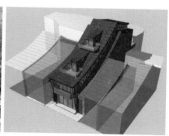

图4.3　福宝古镇　　　　　　图4.4　公房改造

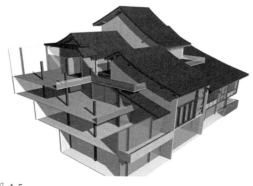

图4.5

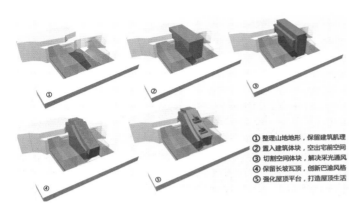

① 整理山地地形，保留建筑肌理
② 置入建筑体块，空出宅前空间
③ 切割空间体块，解决采光通风
④ 保留长坡瓦顶，创新巴渝风格
⑤ 强化屋顶平台，打造屋顶生活

图 4.6　空中走廊示意图

图 4.7

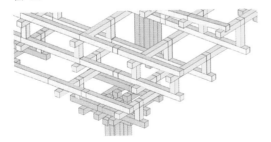

图 4.8

图 4.9

图 4.10

满足现代生活的多种需要。如充分利用屋顶空间，打造可以走通的空中走廊（图4.6）；突破传统建筑的束缚，利用钢结构形成室内LOFT大空间，让传统建筑更好地融入现代生活；玻璃材质的运用解决建筑采光问题的同时，满足街区商业功能的需求。低成本的建设以及材料的环保也十分重要，重庆传统建筑的夹板墙虽然独具美感，但施工工艺已经难以达到，在设计过程中，我们巧妙地运用竹子来构筑建筑墙面，装饰建筑细部，如运用钢丝连接多层竹片构成建筑的百叶窗帘（图4.7），让竹子的通透性来解决通风和采光等问题；将交错的麻竹装饰于玻璃界面上，创造出丰富多变的光影效果等。传统材料的现代化运用在丰富建筑表现形式的同时给街区带来活力。

　　传统木结构建筑的美感与其结构方式是相契合的，我们试图对传统结构进行解构和创新，以一种有效、简洁、可组装的方式运用于现代生活。抬梁式建筑按一定开间模数排列屋架，以梁抬柱的方式支撑屋顶。由于内部空间受到排架和开间的限制，我们尝试抽象出一种构件，解构排架，打破内部空间的限制，同时能组合出展现传统建筑美感的一种形态。我们利用传统巴渝民居建筑中的一种构件——板凳挑（图4.8），将其抽象成 T 字形构件，以此T字形构件按150mm、300mm、600mm的模数交错排列，将原一字形排架解构（图4.9）。以传统建筑中的跷跷板力学原理承载传递梁、檩条的荷载，用传统的跷跷板式力学结构，以现代的方式解构出了一个满足现代尺度的内部空间和传统审美取向的建筑形态（图4.10）。这种跷跷板被魔术化和工厂化后，就可以很快地投入生产组装。这种组装有利于当地居民按照基本的模式建造屋顶，通过轻质简便的材料构筑新型结构，这就是我们尝试做的各种形态的可能性。

图 4.11　风雨廊桥模型

黔江濯水古镇的风雨廊桥是现代技术介入传统结构的再一次尝试，我们试图在传统廊桥的基础上展开演替和更新，通过新型技术的介入打破传统廊桥结构的局限性，创造极具当代美感的形态，灵活多变的建筑空间。濯水风雨廊桥采取了分段式设计，已建成段于2010年竣工，因经历一场大火，2015年复建，该段强调现代技术架构的传统风雨桥体形态，对传统土家审美的现代演绎。延伸段的风雨廊桥继承了建成段的整体风貌及土家建筑特色，又在部分段落大胆创新，延续土家风貌的同时，创新传统结构带来丰富的空间变化（图4.11）。延长段包含古濮宛钟、蒲花拱桥、蒲花龙桥三段廊桥。古濮宛钟段为陆地廊桥，平均两层，中部钟楼局部四层。由廊道与钟楼构成，于中心设置重檐歇山顶式钟楼，屋面回翼角向上起翘，造型雅朴（图4.12）。蒲花拱桥段段为跨河桥，是由单拱桥体与曲直结合

图 4.12

图 4.13

的桥身工程。该段廊桥内部空间层次丰富，桥身中段起拱，二层的直线廊道与底层的弧形廊道在中间交汇，形成跌合空间，直线廊道两端的空间可以满足游客驻足观景、休闲娱乐的需求，三层为相对私密的观景区域，游客可在此停留休憩，观濯水的全景，同时中间局部顶起形成重檐的阁楼，也形成了河岸视线上重要的景观点。丰富多变的空间层次增加了行走过程中的趣味性及观景视角的多样性（图4.13）。蒲花龙桥段以曲线屋顶与现代格栅桥墩相结合，该段为双河场的地面廊道，连接蒲花河与规划道路。立面形态以龙的整体形态为创作原型，隐喻与水相生的飞龙跨河腾飞。（图4.14）以线条优美的曲线廊桥为主，结合两个重檐的屋面形式设计出层叠的曲面造型，线条优美流畅。三段廊桥结构设计创新，空间丰富多变，廊桥的形态从传统延续到当代，各段相互协调统一，又具有变化。整段廊桥从传统的木构穿枋到层叠镂空的木枋铰接方式的变化，一气呵成，极具动感，成为黔江濯水古镇的新地标建筑。

图 4.14

## 4.2 皇宫的重生 [①]

里维奥·萨奇 Livio Sacchi

意大利 CNAPPC 对外事务负责人
前罗马建筑师总会主席
佩斯卡拉大学建筑学教授

我们的工作不只是新建筑，同时也做文化建筑以及历史建筑的修复、重建等，在中国广东的中山市，我和其他三个意大利的建筑师一起合作修复了中山的历史街区（图4.15），文化遗产对于我们发掘和认同一个国家的身份是非常重要的。此外，还有两个在非洲的皇宫修复项目也是非常典型的。

第一个是位于埃塞俄比亚北部的约翰四世皇宫修复项目（图4.16），因地震和其他的自然灾害，建筑自身已被损坏很多，尤其是内部（图4.17），现在已经修复后对外开放了。

第二个项目是一个更大的在非盟支持下做的一个修复项目，项目是美莱尼克（音）二世的亚里斯贝巴皇宫修复项目（图4.18）。亚里斯亚贝巴建筑修复工作在皇宫历史建筑修复之前是没有展开的，自从皇宫历史建筑修复完成，亚里斯贝巴的建筑修复工作迅速展开。在其过程中，中国很多建筑师也参与到了其中，我们的目的是希望修复一些历史建筑，重新向公众开放。截至目前，我们修复了大约12个不同的建筑，具体如下：

### 1）加冕厅

加冕厅是皇帝加冕的地方，历史上共有两个皇帝进行加冕，为了解决新旧建筑之间的协调，萨奇和他的团队采用了新型的钢构技术进行了修复，从根本上解决了新增建筑和老旧建筑修复的自然对话的问题（图4.19）。

图4.15　中山历史街区　　　图4.16　约翰四世皇宫修复项目

图4.17　约翰四世皇宫内部　　图4.18　亚里斯贝巴皇宫修复项目

### 2）公文厅

公文厅是原来皇帝做文件记录的地方，值得一提的是，它的造型非常独特和漂亮，尤其装饰方面更为精彩，为了最大限度地保存原来风貌，我们邀请了一些意大利有经验的古迹修复专家介入，在进行新型技术的支撑下，实现了修复的无痕化（图4.20）。

### 3）皇帝寝宫

寝宫是两代皇帝休息的地方，由于现状功能建筑之间的廊道已经破损不在，我们运用了大量的新型木结构和石材对其进行了整体的连接和修复，如增加了亭子和连廊等连接构筑物，实现了整体功能上的复原（图4.21）。

### 4）公主寝宫

公主的寝宫是公主休息的地方，方位坐北朝南。公主寝宫全部采用木质结构建造，整体造型非常漂亮，但稳定性较差，为了消除隐患，我们在修复的过程借助新型桁架技术增加了整体结构的稳定性（图4.22）。

---

[①]　本节图文资料由 Livio Sacchi 先生提供。

图 4.19　加冕厅

图 4.20　公文厅

图 4.21　皇帝寝宫

图 4.22　公主寝宫

图 4.23　祁祷厅

**5）祈祷厅**

这里的祈祷厅是第二个皇帝在19世纪初期使用的，其功能还包括天文监测功能。现状损伤非常严重，存在结构性的缺失，为了更好地进行整体修复，我们把一些建筑部件运到了意大利进行专业性结构修复，之后再运回到埃塞俄比亚进行重新组装（图4.23）。

**6）国会/枢密院**

国会/枢密院是皇帝和部长开会的地方，现状也存在大量的结构性损伤，同我们把一些关键建筑部件运到了意大利进行专业性结构修复，之后再运回到埃塞俄比亚进行重新组装（图4.24）。

**7）大食堂**

之所以叫"大食堂"，是因为所有埃塞俄比亚的人都聚集在这儿吃饭。现状的一些吊顶和其他装饰损毁比较严重，我们运用了一些新型纤维技术进行了一些重要部位的修复，取得的效果非常显著（图4.25）。

**8）图书馆**

这是一个公共性的图书馆（图4.26），历史上对所有市民开放，现状存在局部的结构性破损，在修复过程中我们提出用轻型钢构件进行内部加固，在一些重要装饰面采用传统工艺进行处理，修复后的效果也十分显著。

图 4.24　国会

9）瞭望塔/祈祷塔

瞭望塔是原来士兵站岗放哨的地方，同时也兼顾祈祷的功能。整体结构保存较好，但屋顶的大量装饰性细节已荡然无存，为了实现修复后更长时间的维持和保存，我们在原来工艺的基础上进行了升级，运用了新型的材料进行和介入式修复，达到了非常好的效果（图4.27）。

10）游客中心

原来的游客接待中心的外在装饰损坏非常严重，其内部结构功能也不容乐观，为了适应修复后整体功能和形象的提升，我们借助新型技术对票务、咖啡厅以及安保、礼品店等几个功能区域进行了系统性的修复，现在已经实现了对外的功能性开放（图4.28）。

11）国家档案馆

国家档案馆是整个皇宫建筑群非常中心的一个建筑物（图4.29），现状建筑存留十分有限。为了更好地实现原真性修复，我们提倡整个修复基于原有古建。通过对原有遗存的整理和梳理，借助新型技术，实现了整体功能和形象上的提升，当前已经成为收集意大利历史皇室文件的地方。

12）餐厅

餐厅位于大食堂的旁边，原来的建筑破损比较严重，大量的外立面装饰都基本消失，为了最大限度地进行复原，我们请到大量当地的手工艺人一并进行了修复，其呈现的效果非常漂亮，现在已经成为埃塞俄比亚总理接待外宾、举行国宴的地方（图4.30）。

图4.28 游客中心

图4.29 国家档案馆

图4.25 大食堂

图4.26 图书馆

图4.27 瞭望塔

图4.30 餐厅

## 4.3 归属感设计 [①]

### 法比奥·潘泽利 Fabio Panzeri

PANZERI 工作室创立者

于米兰建筑学院和莫斯科国际文化中心教授建筑学及城市设计

　　我希望探讨一些城市设计和开发实施过的一些关联性，以及组织新建筑项目的一些方法。首先，安尼土利亚（音）项目提供了这样一个机会，在这个项目中我们主张一种"归属感"的概念。我们在整个环境中做了一个调查（特别是材料的调查），调查是非常有必要的，这与现有规划虽然有一定的差距，但调查并非完全独立，调查可以用来改变或者修正规划的一些情况。此外，修复的过程主要来自于一些基金的支持，我们的建筑物修复需要有一个很强的理念，这个理念能够帮助修复工作有一个更好的基础，但是建筑师的任务并非仅仅如此，在建筑修复的过程中也存在多种可能性。

　　在第一阶段，我们的目的是去理解整个项目，包括地区的基本情况，这里涉及的不仅仅是整个区域的形态，还要涵盖项目的意义、规则、方式以及一些潜在力。我相信在设计的过程中，每一个设计要素之间的关系都是非常有用的，它能够帮助建筑师和规划师优化设计，当然还包括一些行政管理方面的工作。

　　设计整个过程主要通过两种方式来实现：首先是"归属感设计"；第二是"大量的信息"。在项目中我们制定了一些战略行动的计划，计划书是应该是可以被解读、被大众所接受的，尤其在建筑设计方面，更要强调建筑师要和现实相结合，绝对不能把设计当成一个纯粹的艺术作品，或者说一种哲学的理念，或者是一种形而上的哲学探索，因此，计划书代表的就不能仅是一个个碎片信息。

　　建筑设计理念的本质是什么呢？如果不是材料方面，就是一

---

[①] 本节图文资料由 Fabio Panzeri 先生提供。

种表达方式，或者是一种思维或者思想上的表达方式。建筑师的潜力就是他们要有一种能力去解读、去分析一个地方，并且能够形成对现实的认知和判断，同时具备感情上的判断，这对于我们建筑师或者我个人来说都是非常关键的。我们通过不同纬度的思考，在一些项目中得到了充分的体现，举例如下：

　　首先，是位于日内瓦的一个项目，项目位于一块空置的土地之上，这个地区拥有非常漂亮的自然风光和大量传统建筑。一些传统的住宅建筑外面采用了石墙、围墙等石材结构，里面采用大量的木质结构，这在瑞士的日内瓦是一种非常典型的结构（图4.31）。当然，这里也存在其他的墙体的形态，其形式也是多种多样的。

　　此外，这里还有一个会议中心，主要采用石材、玻璃以及木材的材质，地面采用了大量的鹅卵石（图4.32）。还有我们的学校，我在墙体中设计了很多盒子，这些盒子就像教室一样。

　　夜晚的景象，光线较暗，但是也很漂亮。中心入口的大厅，具有非常好的视野，视野中的风景会将我们带入一个美丽的故事场景中，我们设计的目的就是希望这儿的建筑物是在帮这里的土地、环境来讲故事。另外，石板路不仅漂亮，教室与外面的自然风光也十分融洽，感觉自然风光倾倒入学校里面，学生在上课时能尽情享受自然的恩赐。美术馆位于学校入口，是学校的另一部分，在这里你能够感受到大体量的石块所带来的一种材质上的感觉——墙体材质的感觉。另外，光线能从屋顶直接射进内部，形成漂亮的光柱（图4.33）。

　　其次，位于日内瓦市中心还有一个公园修复项目。我们主张，要修复的公园是城市的一个部分，也是周边大公园的一个部分，基于此我们思考如何通过本项目把两边两个公园连接起来，得到整个大

图4.31　日内瓦项目

图4.32　会议中心

图4.33　光线在建筑中的体现

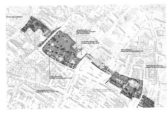

图 4.34　公园修复项目　　　图 4.35　项目规划

的公园，使得在现状的两个公园中，建筑和自然是和谐共生的（图4.34）。

　　我们通过的一些建筑材质的运用，考虑如何在总体上把这两个公园给连接起来（图4.35）。我们通过做模型来阐明对项目的理解及一些细节大样。此外，我们对三个不同区域的形态进行了研究，如玻璃屋（图4.36、图4.37），进入其中就可以看到有很多木质的盒子，木质盒子跟外墙之间，被一个公园包围，因此我们的学生（包括游客）能够在建筑里面享受到自然风光，而不用去到外面的公园。我们的许多学生可以不用出学校，就能在学校内部感受到公园的环境。我们通过玻璃屋顶可以直接把日光把引入内部（图4.38），最终我们把整个公园做了一个彻底的改变。总的来说，外面是两个公园，内部是一个学校，学校内部跟外面的公园有着一样的自然环境（图4.39）。教室之外就是公园，中间连接的学校正好就把这两个公园有机地结合在一起。

图 4.36　玻璃屋

图 4.37　玻璃屋外景　　　　图 4.38　光线引入室内　　　　图 4.39　玻璃屋外景

## 4.4 小房子的故事 [1]

### 詹尼·塔拉米 Gianni Talamini

建筑师，城市规划学博士
目前担任 HITSGS 博士后研究员
负责管理阿尔托·阿尔瓦在威尼斯
双年展设计芬兰馆的恢复建造工作

　　阿尔托的芬兰馆拥有巨大的价值，它的价值不光在于这座建筑使用什么样的建筑材料，而是在于设计者，参与设计的更多建筑师所参与的设计，以及这个城市增添了巨大的附加值。意大利的城市卡拉希西贝塔，在2014年的时候画的一个设计图（图4.40），整个遗迹保存得很好，不光是这个城市本身，同时周边的环境都是被完好地保存下来了，所以在这个意义上不仅是保护建筑和本身，同时也是一种理解，不仅是一部分人的理解，而是整个社区对文化遗产的理解。

　　故事要从15世纪说起，在威尼斯城市的发展演变中，整体城市形态并未发生较大变化。直至今日，城市原型清晰可辨（图4.41）。例如威尼斯主要的广场之一，圣马可广场（图4.42）。在这之中，从圣马可中塔的修复（图4.43）以及由安藤忠雄恢复设计的海关大楼的修复（图4.44）情况看来，修复情况也较为理想。威尼斯作为一座艺术的城市、文化的城市，拥有非常悠久的传统。1895年，第一届威尼斯双年展由塞瓦提可里卡尔多创办。其中很重要的一个现实就是，19世纪双年展的创始人在威尼斯的角落有一个非常小的展览馆，也就是我们今天要谈到的"小房子"。到今天双年展已经发展成为一个非常大的活动，现在展览厅古迹的位置（图4.45）就是

① 本节图文资料由 Gianni Talamini 先生提供。

图 4.40　卡拉希西贝塔城市设计图

图 4.41　威尼斯城市房型

图 4.42　圣马可广场

图 4.43　圣马可中塔的修复

图 4.44　海关大楼的修复

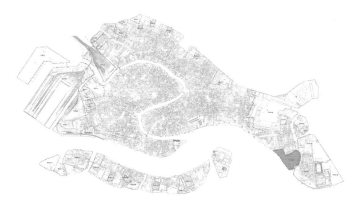

图 4.45　展览厅古迹的位置

图 4.46　芬兰馆

图 4.47　阿尔托设计作品　　图 4.48　阿尔托

图 4.49　芬兰馆修建过程

图 4.50　修复过程　　　　图 4.51　芬兰馆结构损坏

阿尔托设计的芬兰馆——小房子。

阿尔托和意大利有着十分渊源的关系，他出生在芬兰的中部，他在很多地方举办了展览，包括在纽约都展出了芬兰馆（图4.46），同时阿尔托也是一个著名的家具设计师，在他一生中设计了很多伟大的作品（图4.47）。最为重要的一点是，阿尔托是芬兰馆的推动者，同时他也是阿尔瓦阿尔托基金会的建立者（图4.48）。在1956年时，阿尔托为了向世人展示他的艺术，便修建了这样一个很小的场馆。在最早的设计的方案中，有一个日光系统，可以把光反射到墙体，来解决墙面所展绘画作品的采光问题，墙体的每一个细部都是经过非常仔细考量的。当时的建筑施工非常快，阿尔托当时也在工地上参与了这个建筑的过程，最终形成了芬兰馆修建完成之后的样子（图4.49）。

1976年阿尔托去世，当时建筑的情况非常不好，损坏得比较严重。当时，一个丹麦的建筑师对它进行了第一次修复，修复改变了很多建筑本身的细节，包括门厅、门等部分，大理石被改成了木头，周边的环境也发生了一些变化（图4.50），因此阿尔托的设计元素没有太多展示在里面。在1991年的时候，我们进行了第二次修复，在1993年我们进行了第三次修复，当时的修复工作做得非常简单，只是修复了房子一些比较大的问题。

在2011年一棵树倒下来把芬兰馆压毁了，整个芬兰馆结构受到了损坏（图4.51），这次由我负责芬兰馆的第四次修复工作，具体修复工作自2012年开始。从整个建筑和修复的年表来看（图4.52），1898年阿尔托出生，左列是威尼斯双年展1895年开始的一些建筑，右列是1898年阿尔托出生以后，以及到职业生涯当中主要的一些建筑，然后就是2012年我来负责威尼斯双年展的修复工作。因为整个结构损伤是非常的大，基本上整个建筑都已移位，整个屋顶基本已经坍塌，所以内部很多结构、很多主建都是损伤的，门也打不开，墙体也基本上移位，墙体上还有很多开裂（图4.53）。

由于整个屋顶结构是非常复杂的，我们做了3D建模，希望修复好屋顶，在它的主要结构上进行优化设计，让它能够继续承重，同时也保持现有的结构。由于大部分组建都是受到损伤的，我们希望能够做一个非常合适恰当的修复，包括细部。整个过程、整个结构是非常复杂的，有很多机构与我们携手合作参与了修复，我们前后共用了25万欧元。我们对一些细节（包括它的标志）进行了全新的设计（图4.54），其他的一些设计细节我们做了支撑和固定（在先前，有些支撑和固定的结构阿尔托的设计是没有的），还有一些细节，我们对结构进行了修补，包括很多木质结构，我们对排水进行了重新设计，这样排水就不会对木材带来问题。

我们对整个建筑修复的所有细节建立了一个记录，形成了我们现在修复后的建筑样式（图4.55）。自2012年开始，我们花了三四个月雇佣了10名全职的工人，对屋顶进行了重新刷漆。我们的项目也得到了媒体的关注，可以看到很多媒体，包括艺术基金会和其他一些媒体和机构。我们目前做了一个重新开放的仪式。

最后，我的观点是，当人们自发意识到需要保护时，自然而然就会流露出来，维护和修复的确是一个很好的习惯，可以使我们在时空流失的时候保护好重要的建筑档案，让我们的后代能够看到这些历史的遗产。因为，这里的失去不只是建筑实物本身，也包含社会结构和社会方式的失去，不仅是在欧洲，在中国也是如此。当人们所追求的梦想退去之时，如果还对美好未来抱有期盼的话，人们就会以荣誉之名回归更多的保护工作。

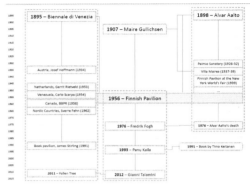

图 4.52 芬兰馆修复年表

图 4.53 芬兰馆墙体

图 4.54

图 4.55 修复后的建筑样式

## 4.5 "老瓶与新酒"[①]

钟洛克

重庆市设计院总建筑师
中国建筑学会建筑分会理事
获全国青年建筑师奖

当下我国的建筑市场已经全面进入了存量市场，这和我们前几年做的增量，包括我们做大的项目在新城区有了很大改变。所以面对大量不同历史时期的既有建筑，我们应该如何评价、鉴定、维护和再利用成为当今建筑领域一个重要的课题，也就是今天要谈的"老瓶与新酒"。

在城市母城中的历史街区和历史建筑也是城市在发展过程中历史性的文脉不可缺失的环节，其中隐藏了大量的城市文明发展的信息，作为人类文化遗产的继承者，应该对其尊重、保护和可持续利用，这样才会使文明基因得到更好的延续，是最好的方式。相关联的从业者应该以各自专业的角度介入城市发展引领文化自觉的重要途径。

我们面临的时代已经是在城市中建设城市，城市的遗产是建筑创作的上联，建筑师以填空、修补、缝合的方式可以书写下联，这样共同完成一个多样的、复杂的、和谐的生活舞台。

以重庆工业博物馆概念设计为例进行说明：

大渡口区是因重钢而生、因重钢而兴，如今重钢的环保搬迁以后大渡口也由工矿之区进行了转化，重庆工业博物馆选址即在重庆大渡口区以前老重钢的老旧址（如图4.56、图4.57）。

建筑和人一样也是有生命的，建筑的生命周期分为起始、制造、建造、使用、维护和处理六个阶段。我们平时工作的建设设计这是在建筑周期的起始阶段。处理方法一是拆除旧建筑，这样拆除的材料重新进入自然界的物质循环，或者在新的建筑中再利用；二是对旧建筑进行适应性改造，使其重新"焕发青春"，在重庆工业博物馆我们采取了这种方法；三是原拆原建，遵循原功

图 4.56 重钢旧地现状

图 4.57 重钢旧址范围图

---

① 本节图文资料由钟洛克先生提供。

能、原建筑范围、原建筑高度，原建筑面积的原则。第二和第三实质上等同于旧建筑的一个新生命周期的开始，在第二个生命周期起始后，会增加原有建筑使用后评估内容。如老的重钢厂（图4.58），其中有很多历史遗迹，我们保留的厂房都是选取的建筑外形简洁有力，极富工业感和雕塑感的建筑。

适应性改革实践大部分是重在保存场所精神，维系城市文脉的连续性，在这个基础上更新功能，以适应时代需要。适应性改造的策略包括四个方面：第一是空间重塑，第二是功能更新，第三是文脉延续（体现建筑在材料、颜色、风貌等的时间性），第四是绿色建筑及新技术新材料运用。

图 4.58　老重钢厂建筑

图例 Legend

□ 厂房保留部分　■ 博物馆新建用地　■ 博物馆新建部分　■ 前驱主广场　■ 滨水广场

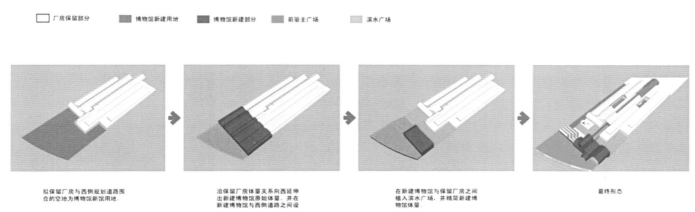

拟保留厂房与西侧规划道路围
合的空地为博物馆新馆用地。

沿保留厂房体量关系向西延伸
出新建博物馆原始体量。并在
新建博物馆与西侧道路之间设

在新建博物馆与保留厂房之间
植入滨水广场，并精简新建博
物馆体量。

最终形态

图 4.59　重庆工业博物馆建筑地块分解图

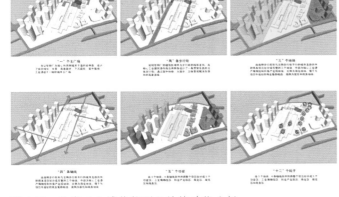

图 4.60　重庆工业博物馆项目地块功能分析

　　首先，在空间重塑方面。我们保留了老的厂区（白色部分），其他部分是已建用地（绿色部分）及对面城市的公共广场（橙色部分）（图4.59）。在进一步推敲过程中，发现本身基地有高低错落，我们把博物馆的有些功能可以放在吊层空间里，这样地上面积就精简了，体量缩小以后会和老的厂房之间拉开一个距离，形成一个对话的空间，在广场中入水的，作为一个很安静的水广场。这样整个下面就会形成两个空间，一个是面向城市为主的大广场，另一个是以工业博物馆和老厂区两者之间比较近的水广场。最后形成的体量博物馆的造型会延续老厂房的形式，包括老厂房也引入了大小不一的中庭空间领域。

　　其次，在功能更新方面。随着重钢的搬迁之后，老厂房荒废在这里已经很多年了，现在重庆市准备打造的工业博物馆实际上是利用一部分厂房（图4.60），蓝色部分是我们保留的厂房，紫色部分是新建的博物馆，黄色部分是二期的创业产业园，跟博物馆的联系是非常紧密的。另外用地的东侧和西侧，是住宅的开发项目。

再次，在文脉延续方面。文脉主要体现在建筑材料、颜色、风貌等时间性方面，如图4.61所示，我们去现场察看的时候不仅仅是黄色部分有保留，还有一些是绿色的，结构也好，但维护墙好多都已经很破旧了，最后我们选择是拆除。还有两个部分是蓝色的区域，结构的骨架保存得非常完整，而且我们觉得很有雕塑感，围护结构已经没有了，所以这两个地方我们作为设计的空间元素保留在项目里。

另外，场地里还会保留了一个天然气的储气罐和三个烟囱（图4.62），这个在功能植入中做了一些改进。包括现场有两个火车头和蒸汽机，我们也放在了设计里，包括室外的火车接轨都作为了一个景观元素（图4.63）。核心区的厂房作为核心区的拓展区，主要功能是策展、商业以及创造性的一些写字间。现场随时可以看到有很多矩形的设备和零件，后期我们是希望在景观中作为一个景观小品来体现（图4.64）。

改造前：

改造后：

图 4.63

改造前：

改造后：

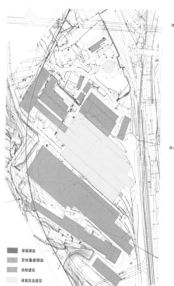

图 4.61

图 4.62

图 4.64

改造前:

改造后:

图 4.65　两个园区的穿插通道

最后，在绿色建筑及新技术新材料的运用方面。新建博物馆的建筑材料主要以锈蚀的金属板和玻璃为主要的建筑材料，一个是为了跟老的厂房区相呼应，另外可以看见有玻璃体量穿插的创业园区的这栋楼，和工业博物馆有一个呼应的对话关系（图4.65）。

此外，高层是创业产业园区是二期，做得比较现代一点，更注重的是露台的考虑（图4.66）。水广场中间骨架结构保存完好，外墙是缺失的，我们将此作为一个商业步行街的构架。我们在改造天然气的主气罐时增加了一个疏散楼梯，还增加了餐饮功能（图4.67）。

最后，通过"老瓶装新酒"的适应性改造，修复尚可使用的旧建筑，和在旧城区合理地段与当地社区、商业机构合作，改善基础设施和商业娱乐休闲设施以及室外环境，以恢复或提升地区活力。

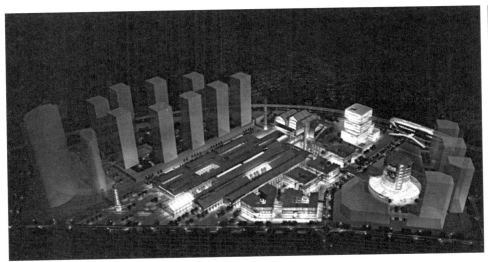

图 4.66　创业产业园二期

图 4.67

## 4.6 多元语汇 ①

刘川

四川美术学院建筑艺术系副教授、硕士生导师
国家一级注册建筑师
重庆城乡发展研究会常务理事

图 4.68

什么是多元语汇呢？多元语汇就是多元化视角和主张。

首先，多元化是在现代社会时空压缩中产生的，大家知道中国现在发展、改革开放已经三十几年，经济发展是全球有目共睹的，不同时期社会价值的模式在我们这一代人中全部呈现，表现出人的多元化，这种多元化是时代和个体发展的必然结果。我们也观察到随着全球化的进程，发达国家在高度现代化之后才出现的后现代价值观，已在我们当代人中出现了"早产"的后现代价值观，这对我们现在的活、现在的工作及价值观的形成是影响非常大的。价值观一方面会促进社会经济发展，另一方面对于现代当今中国来说也出现了一些负面影响，比如过早的重视了消费、重视了销售，还有拿来主义盛行；另一方面则创新和创造明显不足（图4.68）。多元化在建筑领域反映出思潮的多元化，从现代主义到极少主义，到后现代，到新古典，到解构主义，到表皮设计、生态建筑理论、地域建筑文化等，出现了很多设计思想，这些思想是多元化的趋势。在这种情况下，我们中国建筑师何去何从？我们要有本土的意识，我们需要一个民族的语言。国外有很多优秀的案例，如在费城的文丘里的"母亲的住宅"（图4.69）和在布拉格的"眺望的房子"（图4.70）。

图 4.69

第二，现在全球化背景下我们要思考，到底我们得到了什么，丢掉了什么？一是城市的个性逐渐被隐秘掉，城市经常雷同，家乡和异乡分不清楚。二是村镇建设，现在城镇化进程非常快，乡村的城镇化简单而粗暴，在一些古镇、古村落也出现了过度的商业化，我们在保护和发展中纠结。我们也发现，传统的

图 4.70

---

① 本节图文资料由刘川先生提供。

图 4.71

东西越来越少、越来越珍贵，个性化的东西越来越少，创新不足。对于多元化我们理解不能军事化、无序化，而应该是有主流、有个性、有序的，城市的个性在消失，小镇的传统在远离（图4.71）。传统建筑个性是非常强，如北京故宫的紫禁城（图4.72）和意大利的比萨大教堂（图4.73），它们代表了不同的文化，紫禁城代表的是木结构，代表东方，比萨大教堂是一个石头的建筑，代表西方。传统建筑材料和建筑形态，以及建筑的创新影响是非常深的。

图 4.72　故宫　　　　　图 4.73　比萨斜塔

第三，建筑创造一定要注意整体环境美。中华民族有五千年历史，在我们的传统观念当中，道教、儒教提到了"天地人合一"。如重庆的东温泉，是一个镇，有山有水非常漂亮，建筑的尺度很宜人（图4.74），再如云南的丽江，大雁古城（图4.75），二者都可以看出中国传统的构架非常注重千面合一，现在我们也提倡这样的理念，建筑时空的标志是看得见山、望得见水、记得住乡愁，这是很浓的本土意识情结。再举一个例子，重庆江津中山古镇（图4.76），整个古镇依山傍水，反映了中国传统的古镇建筑的一些形势，它的结构是吊脚楼，传统的木结构我们保留了，但是生活在里面的老百姓的生活条件、居住条件还比较差，这就是下一步我们要共同努力的一个地方。

图 4.74　重庆古温泉　　　图 4.75　大雁古城

第四，要加大新型建筑材料的研发。建筑材料的定义比较宽泛，包括建筑的一个构成，所有材料分有机、无机和复合材料。几千年前中国人是如何建造房屋的呢？这里有一个反映中国传统建筑构造的模拟场景，木构架起来以后再加上一个草编遮风雨（图4.77）。现在我们用非常现代化、机械化程度非常高的方法建造，如会用到钢筋混凝土等材料（图4.78）。这两个差异很大，时空也拉得很长，反

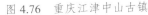

图 4.76　重庆江津中山古镇　　图 4.77

图 4.78

图 4.79　普利兹克艺术基金会

图 4.80　宁波博物馆

映了建筑材料随着社会的发展，对建筑的空间、造型、使用影响非常之大。

　　第五，建筑材料在建筑中的表现运用。从某种意义上说建筑材料是建筑形式的载体、表达，在很大程度上依赖对建筑材料灵活的运用和处理。建筑的表皮离不开建筑材料这个具体的物质语言，建筑的表皮本质上就是设计师当中的一个拓展和延伸。如日本建筑师安藤的普利兹克艺术基金会图4.79），安藤号称是混凝土大师，大在这方面的应用硕果累土，对建筑表皮、建筑空间的运用是炉火纯青，没有大量多余累赘的装饰，空间形态非常优美。再如中国建筑师王澍的宁波博物馆（图4.80），他的建筑材料大部分用的废弃砖瓦，在城市拆迁过程中他收集的各种老砖、老瓦，然后做到废物利用。他的材料使用也是作为一个很大的突破，这当中有存在的历史，也是对时代的一个时空对话。

　　第六，材料有结构属性、生态属性和文化属性三个方面的特点，我们提出三点策略。首先，我们要加大对传统材料的开发与研究，如重庆新农村建设的风貌整治，用的方向没有问题，但材料方面做得比较简单粗暴，缺乏木结构本身所赋予的结构形式和结构的美（图4.81）。其次，加大绿色生态的环保材料。如2015年米兰世博会中国馆的外立面

图 4.81　重庆新农村建设风貌

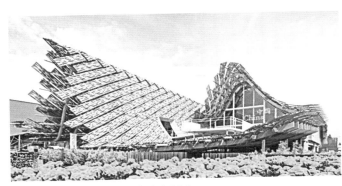

图 4.82  2015 年米兰世博会中国馆

图 4.83  世博会意大利馆

图 4.84  世博会意大利馆细部

（图4.82），大量运用了中国的木结构来展现中国的空间意向。这方面我们的建筑师有责任要大力发展、要大力研究，主动的出击，把生态的理念、建筑材料用到建筑当中，不仅仅是用，而且要用好。中国的木结构历史非常悠久，从宋代到清代，整个木结构是我们的国宝。政府部门也在大力发展一些可循环的材料，对材料方面的研究跟过去不太一样，这是因为我们过去发展太快，发展时没有考虑到其他的东西，后来发现到山也被挖，水厂到处建。生态环保材料对我们建筑师，尤其是对年轻的建筑师来说，要加大使用、加大研究。再次，一定要注重艺术和技术的结合，如世博会意大利馆的（图4.83），用了现代的金属材料、玻璃材料、钢材料。在艺术表现的时候一定要跟技术相结合，现在年轻的建筑师，尤其是学生在学校不爱上建筑物理课，觉得枯燥，因为讲的很多东西都是他们的弱项，比如物理、化学这些东西，但是现在不学好，以后对材料使用方面就是弱点（当然也可以找团队设计，但自己也要掌握，要把问题提出来）。再如意大利馆建筑细部做得非常好，空间结构非常复杂（图4.84）。

最后，建筑表皮的生态应用，首先是建筑材料的生态选择；二是开发能够推广普及的技术，不要脱离实际；三是构建过氧化的复合材料；四是注重艺术和技术相结合；五是利用本土化建筑材料，实现人文特点，增加艺术和个性表现，避免千篇一律；最后是要选择适应当地气候的建筑材料，延长建筑的生命周期。

# ■ 建设实践与探索 ■

· 十五个盒子的启示

## 5 建设实践与探索
### 十五个盒子的启示

　　中国的"一带一路"建设和"十三五"规划为亚欧各国带来发展的机遇。意大利作为陆上丝绸之路的终点和"一带一路"的交汇点，与中国友好交往历史悠久，互利合作前景光明。"异"，或许源于我们间的差异性。中意两国地处两地，但丝绸之路早在两千年前就把我们联系在一起，重拾"一带一路"起点与终点之间的空间"异域"与时间"异构"。展现不同的价值观与解决问题的方法，正好是我们相互启发的基点。"同"，是这个时代的趋势。"全球化"的浪潮成为当今世界的文化基本形态和特征，这使我们在相同语境中，可以相互启发，探讨美丽山村与城市美景的建设理想，或许我们会重拾社区更新改造的责任，激励我们探索历史文化传承的途径；或许我们强调新技术的力量，以创造的姿态，来推动城市嬗变。

　　在这样的时代背景下，我们策划了"异域同构"——中意（重庆）新型城镇化建设作品邀请展，展览以彩色盒子的布展形式征集了来自意大利和中国的十五个独立团队的设计作品，其设计内容涵盖了城市规划、建筑设计以及景观设计，对不同的城乡建设问题提出了自己的设计主张，"异"与"同"的思想碰撞给我们展示了不同的设计解答；同时也展示了中外设计师们对相同问题的看法、设计的观念及手段，从不同的角度理解文化的差异、探索历史文化传承的途径。十五个盒子，体现出了来自中国和意大利设计团队的设计智慧与主张；同时我们可以从他们的作品当中，总结经验和方法，借鉴和指导我国新型城镇化建设的发展。

　　彩色的盒子是独立设计团队的代表，每个设计团队都在自己的盒子中呈现各自的主张。观众将进入不同的盒子来体验他们的设计。盒子如同城市冥想室，引人驻足、观望、反思。

——王平妤（策展人）

## 参展项目：仙桃大数据谷 2 期
## 设计者 / 单位：PROGETTO CMR

**Xiantao Big Data Valley**, also known as the first big data ecological valley in China, is located in Chongqing, the economic engine of Southwest China. The valley aims to build a top-notch industrial high-land for Chinese big data cluster, catering the needs of the next generation IT industry.

Progetto CMR is in charge of the architectural design of Xiantao Big Data Valley Phase 2. The project will stimulate the development of Big Data Industry and cross boarder E-commerce, leading them towards intensive development model. It will also become a leading platform for foreign big data companies to enter and compete in the Chinese market, and a place to foster technological innovation.

The total built area of Xiantao Big Data Valley Phase 2 will be over 350,000 sqm, integrating mixed functions, from offices, production, retail, to education and living facilities, to ensure the self-sufficiency of the site, and provide advanced infrastructure and high-tech communication services.

Offices and residential areas of Phase 2 are allocated and developed to suit the special requirements of the Big Data industry, as well as the six related fields - Finance, Health, Education, Design, E-Commerce and Urban Management.

The core industry building is the landmark of this project. It is made up of three enclosed buildings, which respectively represent the three core pillars of big data – storage, sensing and data mining. In the Office Loft Studio area, each building can be used either as a corporate headquarter or business exclusive single / multi-layer office space. The SOHO apartments could be used both for dwelling and staring a business. The international school is seated beside the SOHO apartments, providing more educational support to the families of the staff. The hotel design is inspired by Zen philosophy, offering visitors a place that is tranquil and peaceful, a modern shelter from the busy life that runs outside

仙桃大数据谷位于西南地区的经济重地重庆市，是中国第一个大数据生态谷。仙桃大数据谷将成为国内顶尖的大数据基地，为新一代IT产业的需求服务。波捷特公司负责仙桃大数据谷二期的建筑方案设计。该项目将促进大数据和跨境电商平台集中布局、集约化发展，也将成为国外大数据企业进军中国市场的战略基地，一个技术创新的理想之地。

仙桃大数据谷二期项目的总建筑面积将超过350,000平方米，将办公、生产、教育和生活等多种功能有机综合，以保证园区自给自足，并为园区内企业提供高端基础设施和通讯服务。

数据谷二期的办公与居住空间配置合理，以满足大数据产业的特殊需求，并为金融、健康、教育、设计、电商和城市管理六大相关领域提供支持。

大数据三大核心产业楼是该项目的地标性建筑，由三栋建筑围合而成，分别代表大数据的三大核心支柱——存储、传感、数据挖掘。在独栋办公区，写字楼建筑以群体呈现，彼此的空间关系形成一个整体。每栋建筑可以作为一个企业的总部大楼与企业独享单层/多层办公空间。公寓SOHO为园区员工提供居住，并可作为青年人的居住兼工作创业的场所。国际学校座落在SOHO公寓旁边，由一栋四层的教学楼和体育设施组成，为员工的家庭提供了更多的教育支持。酒店的设计遵循"禅意"哲学，旨在为宾客提供一处逃离纷繁都市的禅意空间，风格与仙桃二期的其他建筑形成对比。

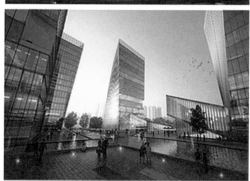

多生态 ，少利己

少一些个人利益
多一些集体利益。
我们将建筑功能和使用者愿景，
与周边环境背景相结合，
创造自给自足的有机体，从而降低对环境的影响。

**Less Ego, More Eco**

Less personal interests and more collective goals.
We connect the context and the area together with the function of the building and the expectations of the users, in order to create self-sufficient organisms without affecting the environment.

以人为本的设计

"人类"，是设计发展始终不变的核心。
城市属于其中的居住者，
我们真正需要的，
是关于可持续的全新概念。
它能将人类与城市相联系，
并且充分考虑当地的背景和文化。

**Design on human scale**

Human beings are the focal point of the design development. Cities belong to the citizens who live in them.
What we really need is a new concept of sustainability that takes in how mankind relates to the city,
taking into consideration the local context and culture.

尊重传统，规划未来

现代城市需要丰富而多元的脉络，
新旧元素融合，传统与革新并存，
尊重历史与展望未来同步；
作为建筑师，我们致力于倡导一种全新的
都市生活理念，
它基于与无序失控式发展
相对的"慢发展"，
基于城市中"农业"与"工业"的平衡，
"新"与"旧"的平衡，
这不仅仅是经济意义更是社会的可持续性延续。

**Learning from the past to design the future**

Modern cities require a rich fabric, with a blend of old and new elements, of tradition and innovation, of memory and vision.
As Architects, we strive to promote a sort of new urbanism philosophy, based on the coexistence of "slow development", and on the harmony between 'agriculture' & 'industry', between 'old' & 'new' within a city.

# ⊘ur 设计理念
# Philosophy

**参展项目：荆州古城保护与利用概念规划 / 镇江中意农业创新示范园**
**设计者 / 单位：PROGETTO CMR**

总图
Masterplan

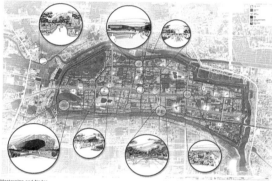

Masterplan and Nodes
总图及节点

The plan for the conservation of the ancient city of Jingzhou, in Hubei Province, is based on a thorough analysis of Jingzhou's city, its history and culture. The detailed plan of renovation and urban planning Progetto CMR developed for the 11.97 sqkm-area has given primary importance to its many historical sites and monuments, turning them into focal points for the revitalization of the whole city. Studying the old mapping through the latest city plans, it emerged that the Old Town has been left out of improvement plans in terms of hospitality and tourism, despite featuring important sites and historical buildings.

The Urban plan recreates gardens, squares, car free areas, channels to reconnect the nodes of the ancient town in a vibrant circuit and into a more enjoyable sightseeing tour for tourists and locals. Looking back to the examples of fortified towns typical of medieval European culture, modern concepts of urban conservation have been applied to the city of Jingzhou. Particularly, three are the major sets of actions implemented by the master plan that aim to recreate a well-connected urban network around and within the city.

The first level of connection is between the historical and cultural hot spots and the city landscape secondary axis, through a linear park that crosses Jingzhou from east to west, along the main road, becoming the main access to the most important buildings of the city.

The second level of connection is given by the water, a key element of the town. Giving credit back to water through channels, fountains, pools and ponds we can virtually (o literally) sew the historical buildings to the ancient walls and those to the river that flows around it.

The revitalization of green areas is the third level of action. The green area along the Old City Walls could propel a greener city: the wide space around the historical buildings will flourish, so to give locals and visitors a more harmonic environment, a place of amusement and relax, and an identity to the city.

本次项目是建立在对荆州城市历史和文化的深入分析基础上的。项目面积达11.97平方公里，由波捷特负责城市翻新和规划的细节设计。项目设计将荆州的历史景点作为整个城市再生计划的核心。在对荆州此前的城市规划进行深入研究时，波捷特发现：老城区的历史建筑和文化景点集中，但在建设旅游城市的规划中，却没有给与老城区应有的重视。

本项目的城市规划重塑了花园、广场、步行区以及用来连接老城各节点的通道，为当地居民和游客提供风景优美的观光之旅。项目以欧洲中世纪城堡要塞的翻新为借鉴，将现代的城市保护概念运用到荆州古城保护规划之中。为了重塑城市外围和内部网络的良好连接，我们制定了三大联系。

第一层联系是介于历史建筑、文化热点和城市景观二级轴线之间。线性公园沿主干道自东向西横穿荆州，成为游览城市主要景点的通道。

第二层联系是与水的联系。荆州的历史是与水密不可分的，通过水渠、喷泉和水池，在历史建筑与古城墙及护城河之间建立起联系，水系的利用为创造虚实空间交替的效果提供了机会。

第三层联系是关于重建荆州的绿化区域。沿古城墙的绿化可以渗入古城内部，结合历史建筑周边景观环境的打造，将给当地居民和游客一个和谐的环境，一个娱乐和休闲的去处，一种城市魅力的提升。

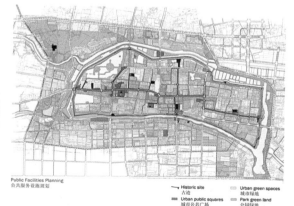

Public Facilities Planning
公共服务设施规划

Tourism Center
游客服务中心

Overall Bird View Perspective
整体鸟瞰图

The Network
网络

**The masterplan**, located in Zhenjiang New District in Jiangsu Province, the birthplace of modern Chinese national industry, aims at boosting the agricultural productivity and efficiency of the area, through an extensive series of measures and actions that take into consideration the specific needs of the context.

The project has been carried out under the aegis of the Italian Minister of Economic Development and the Chinese Minister of Commerce. The 30 sqKm- Agriculture Innovation Park will showcase the best practices in this field, combining the strengths and excellences of Italian and Chinese sides to ultimately enhance the quality of economic and social development, accelerate the modernization of the region at a higher level and promote scientific development.

To achieve this goal, Progetto CMR not only focused on the agricultural production, but also integrated other functions, from science and technology innovation centers to ecotourism attractions and retirement/service areas, into the land development strategy. The planning of the project also pays attention to the surrounding context, creating a dialogue between the urban and rural worlds. The key feature of the project is to mix the Italian background with the needs, resources and features of the specific environment.

This balanced mix of different elements and functions earned the plan the official approval by a commission made of 9 national-level experts in the agriculture and urban planning fields. According to the experts, led by the well-known master architect Shi Kuang and by Mr Dang Guoying, researcher of the Rural Development Institute of the Chinese Academy of Social Science,the project solutions well meet the needs of the new Chinese agricultural development model and it will be a model to be followed.

总体规划项目位于江苏省镇江新区，当代中国民族工业的发源地。该项目旨在通过采取广泛的措施，充分考虑当地环境，加速当地农业生产和效率提升的进程。

该项目是在意大利经济发展部长与中国商务部长的支持下开展的。

该示范园区面积约30平方公里，将展示该领域的最佳实践，把中意双方的经验与技术充分结合，进一步加强经济社会发展质量，在更高层面加速区域现代化建设，促进科学发展。

为了达到这一目的，波捷特不仅着眼于农业生产活动本身，更是将科技创新中心、生态旅游、住宅区和配套服务等多种功能加入至土地使用规划。规划设计也将周围的环境纳入整体考虑范畴，在城市与农村两个"世界"之间建立对话。该项目的突出特点就是把意大利风格与当地需求、资源和地方特色相结合。

该项目方案对不同元素与功能的均衡配置，助其通过了今年8月份的正式审批。

评审组受知名建筑大师时匡和中国科学院农村发展研究所的研究员党国英领导，由9位国家级专家组成。评审专家一致表示，该项目方案很好地满足了新农村发展模式的要求。

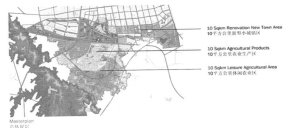
Masterplan
总体规划

Masterplan - Land Use
总体规划 - 土地使用规划

Bird View Perspective - Eco-Tourism area
鸟瞰图 - 生态旅游区

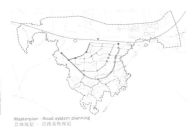
Masterplan - Road system planning
总体规划 - 道路系统规划

# 参展项目：漫江湾总体规划
## 设计者 / 单位：PROGETTO CMR

Overall Bird View Perspective
整体鸟瞰图

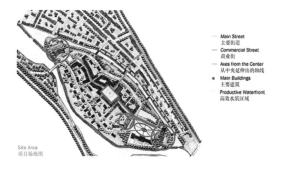

Site Area
项目场地图

— Main Street
 主要街道
— Commercial Street
 商业街
— Axes from the Center
 从中央延伸出的轴线
● Main Buildings
 主要建筑
 Productive Waterfront
 高效水滨区域

**Manjiangwan Masterplan** is located in Jiangxin island in Manjiang Town, in Jilin Province, an area characterized by impressive natural landscape and rich culture and tradition. The main objective of the project is to design the first eco-sustainable village of the area, fully integrated in the surrounding natural context, following some traditional architectural principles typical of Italian small mountain villages and combining them with the features of the location. The village will provide a balanced mix of functions, from leisure facilities and activities to hospitality and retail, to boost the touristic attractiveness of the area.

The local context plays a vital role in the whole project. All design solutions aim at enhancing and further beautifying the landscape that surrounds the island. The very first link between the project and the natural context is offered by the peculiar shape of the project location, very similar to a leaf. The main veins of the leaf become the main roads and axes of the town, positioned inside the island according to the traditional architectural structure of Italian small towns: the centre of the island is the main square and main axes and the commercial street branch off from it. An ideal "Fil Rouge" connects the main buildings and facilities of the island: the city gate and the hot springs at the entrance, the hotels, the town hall and the shops, culminating in the main open-air square with its church, the space of social interaction and meetings. The other side of the island hosts residential and hotel areas.

At the gate of the island, the visitor will be immediately impressed by the shapes and colours of the buildings, harmoniously integrated with the surrounding landscape. The style of the buildings is contemporary, simple and elegant, yet not out of context. The structure recalls some typical elements of the existing local architecture, including the use of wooden sloping roof, frames and structural repartition.

漫江湾项目地处吉林省漫江镇的江心岛上，拥有秀美的自然风光和丰富的文化传统。该项目以典型的意式山中小镇的建筑原则来设计，目的是使其与周围的自然环境有机结合，成为该地区首个生态可持续小镇。该项目集闲、住宿与零售设施于一体，混合用途设计能够增加该地区对游客的吸引力。

漫江湾的地区背景对整个项目有着极为重要的意义，因此，设计方案的每个细节均以进一步美化岛屿的景色为目标。项目所在地块宛如一片绿叶，这种极为特别的形状为项目和自然环境提供了结合点。该项目以主路和中心轴线作为项目的主脉，按照典型的意式小镇结构安排各个部分：中央广场位于项目的中心地带，主路和商业街由此延伸出来。一条以"红丝带"为主题的道路穿梭于整个岛屿之上，与小镇的主要建筑和设施紧密结合。"红丝带"从小镇入口附近开始，将小镇大门、温泉、酒店、市政厅和商铺沟通连接，并逐步延伸至社交和集会空间——中央广场和教堂。小镇的另一面则是住宅区和酒店区。

入口大门形状奇特、颜色艳丽，与周围的自然景观完美地结合在一起，给人带来极具震撼力的视觉享受。建筑的设计风格现代、简约、典雅，却不显突兀。建筑结构借鉴了一些典型的当地建筑元素，例如木质斜面屋顶、房屋框架和结构再分等。项目大量使用木材和石材等天然材料，再次强调了建筑与环境的结合。

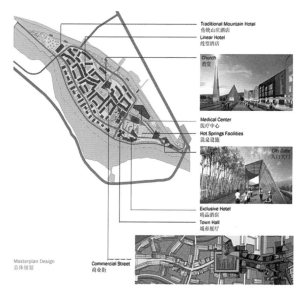

Traditional Mountain Hotel
传统山庄酒店
Linear Hotel
线型酒店
Church
教堂
Medical Center
医疗中心
Hot Springs Facilities
温泉设施
City Gate
入口大门
Exclusive Hotel
精品酒店
Town Hall
城市展厅
Commercial Street
商业街

Masterplan Design
总体规划

Commercial street view
商业街效果图

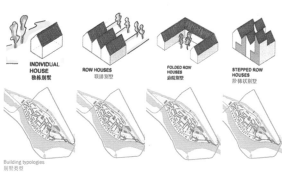

INDIVIDUAL HOUSE
独栋别墅
ROW HOUSES
联排别墅
FOLDED ROW HOUSES
庭院别墅
STEPPED ROW HOUSES
阶梯状别墅

Building typologies
别墅类型

参展项目：新会议中心与小学

设计者 / 单位：Fabio Panzeri architect

**CONCEPT "RoCHER"**

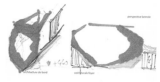

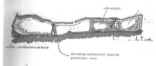
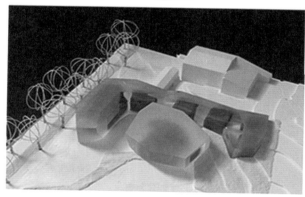
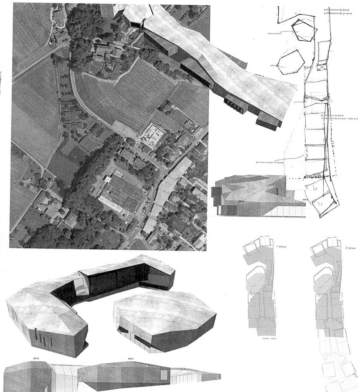

**CONCEPT "LéGer"**

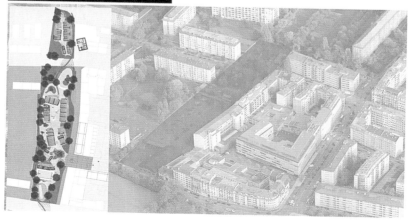
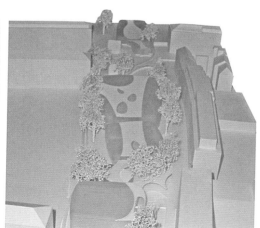

**参展项目：新会议中心与小学**
**设计者 / 单位：Fabio Panzeri architect**

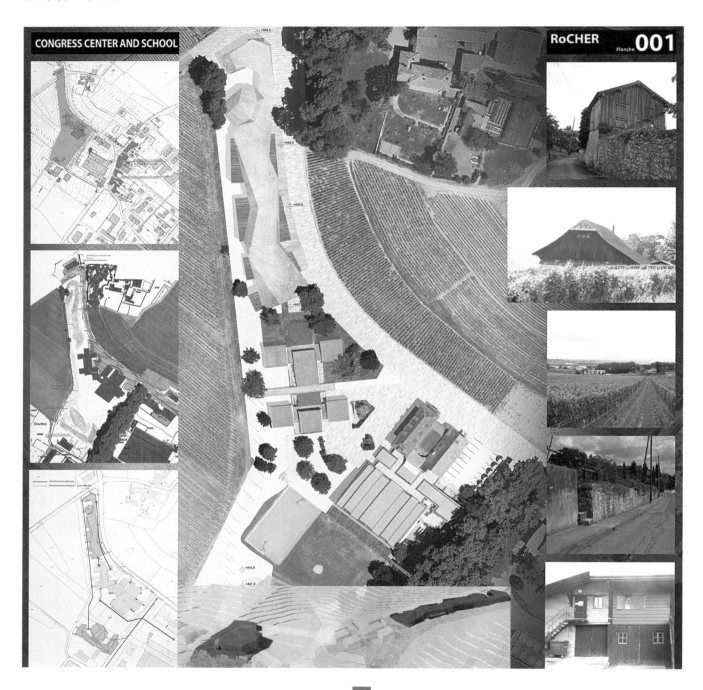

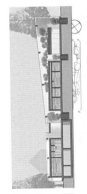

plan 1:200

coupe 1:50

GENEVE CHANDIEU
**LéGer**

PLANCHE
**003**

bassin de natation - salle d'éducation physique

groupe scolaire

groupe scolaire

hall d'accueil

espace de vie enfantine

salle d'études

参展项目：新会议中心与小学
设计者 / 单位：Fabio Panzeri architect

# 参展项目：意大利建筑师奖和意大利建筑青年人才奖
## 设计者 / 单位：CONSIGLIO NAZIONALE ARCHITETTI PIANIFICATORI PAESAGGISTI E CONSERVATORI（CNAPPC）

ITALIAN ARCHITECTURE 2015 PRIZE

INTERIOR COURTYARD OF THE BOTTARI BLOCK | SYRACUSE, ORTYGIA

Operating on the island of Ortigia, at a site marked by thousands of years of stratification, involves an inevitable confrontation with objects, traces and relics, hidden or in plain sight. The project content is treated as a resource, and as such exploited. The area of intervention, near the temple of Athena and the ruins of the temple of Artemis, has retained the original ancient Greek layout of streets and passages. Thanks to a historic restoration project, the east-west "stenopos" was found and re-traced, crossing through the new courtyard and the existing structures and thus acting to mark the flow of the stratifications in turn.

GARDEN OF ARTEMIS | SYRACUSE, ORTYGIA

With the aim of bringing back to life both historical memory and imaginary legends, we have taken steps to recover both the potential of a deeply stratified area and some of the original significance of the area, in response to the suggestions proffered by the site's powerful mythological connotations. The decades of neglect made the area particularly attractive, with a flourishing of autochthonous herbs that prompted the realization of an intimate interweaving between the artificiality of the intervention and the spontaneous forms of nature, represented by the plants. The space was thus imagined as an offering to Artemis, who, in the pantheon of mythology, is the virgin goddess of fertility, who protects the wild beasts, the forests and the woodland nymphs.

NEW MARITIME FACILITY IN SIRACUSA'S LARGE PORT

The realization of the maritime facility for the docking of cruise ships furnished a unique opportunity to re-design the waterfront of the large port and reconnect a vast area. The dock expansion project, which will allow the docking of cruise ships, makes the structure even more central with respect to the basin of the large harbor. The maritime facility, isolated at the center of the dock, assumes the strategic role of a fulcrum between the island of Ortigia, the nineteenth century city and today's town, on the mainland. These conditions give the edifice a singular character, making it similar to an "instrumental building", an artifice that also becomes an abstract center of attraction. The maritime facility is intended to interact with its surroundings, creating a new interface between the sea and the town that lies behind it.

ITALIAN ARCHITECTURE 2015 JURY PRIZE

YOUNG TALENT OF ITALIAN ARCHITECTURE 2015 PRIZE

# Geza - Gri & Zucchi Architetti

Stefano Gri e Piero Zucchi

Stefano Gri and Piero Zucchi founded Geza - Gri e Zucchi Architetti Associati Architecture studio in 1999, in Udine. Stefano Gri (Udine, 1963) graduated in architecture in 1988 at the IUAV in Venice. After several professional experiences in Italy, in 1992 he moved to Spain to collaborate with Sunyer + Badia studio in Barcelona.
Piero Zucchi (Udine, 1965) graduated in architecture in 1992 at the IUAV in Venice, he also studied at ETSA in Seville, and in 1994 participated in the Masterclass at BIA in Amsterdam with Rem Koolhaas. He collaborated with Studio Valle Architetti Associati in Udine from 1993 to 1998. Geza studio operates in partnership with MTD studio in New York and CFK in Venice.
They have published articles and projects on Casabella, Hinge, The Plan, Il Giornale dell'Architettura, Il Sole 24 Ore, La Repubblica and on over 80 magazines on architecture, design and interiors, 90% of which are international magazines, and have exhibited their works, both personally and collectively, all over Europe: in October 2014, the monographic exhibition "APERTURE - Geza Architectures" was hosted at the Galerija Dessa in Ljubljana, while in March 2015 the work of GEZA was presented at the Moroso Showroom in New York.
Among the most important awards: in 2006 they were finalists for the "Gold Medal for Italian Architecture" award at the Milan Triennale with the project NM Park House. They were selected in 2003 for the Bauwelt Preis in Berlin (D), and in 1997, 1999 and 2010 for the Piranesi Award in Piran (SLO).
In 2011 the project of the House of Music in Cervignano was selected for the Mies van der Rohe Award and for the Barbara Cappochin Award. In 2012 the project "Pratic Sede direzionale e produttiva" (Pratic's Headquarters and Production Facilities) won the Special Award for Private Clients at the Gold Medal for Italian Architecture, Milan Triennale, is part of the exhibition of the Italian Pavilion at the XIII Biennale of Architecture in Venice and was selected for the 2013 Mies van der Rohe Award (traveling exhibition and catalogue).

www.geza.it

THE "BRUCOLI GARDENS" HOUSES | GISIRA

The "Brucoli Gardens" houses are located in an extraordinary landscape. The site's unique location, looking out over the fjord of Brucoli, the rocks and the coastline, has for over twenty years been defaced by the decaying "illegal" real estate development, completely abandoned. The "recovery" of the houses was undertaken with demolitions and reconstructions that can be grouped under the heading of "typological recalibration". We "replaced the structures", eliminating superfluous elements. The realization of a far-reaching program of construction requires quality structures, and the absence of formal or emphatic accents was intentional. The buildings realized thus appear "normal", with ordinary, straightforward lines, which in reality contribute an interesting element to the mosaic of the coastal landscape.

YOUNG TALENT OF ITALIAN ARCHITECTURE 2015 PRIZE

# Demogo

Simone Gobbo e Alberto Mottola

Founded in 2007 by Simone Gobbo, Alberto Mottola and Davide De Marchi, Demogo focuses its own work on the complex relationship between the state of being contemporary and context, characterizing itself for its authorial approach to the project. The problems related to the choice of the right scale of intervention and the strong urban character of the architectural work are the leitmotifs of the studio since its foundation. The projects of the studio have been published in several international magazines such as Mark, Paesaggio Urbano, A+, L'Arca. The first important step for the studio was the first prize in Europan 10 in 2009, where the theme of the international competition was the design of the new Town Hall of Gembloux in Belgium. Completed in 2015, the building was also awarded with the IQU, the prize for Innovation and Urban Quality. In 2010 the studio was invited by Europan Europe at the international forum in Neuchâtel in Switzerland, where the work of the office was presented during the cycle of conferences "Inventing urbanity". In the same year the studio won the second prize of Young Italian Architects, the award for the new architectural office under35. During the Architecture Exhibition of Venice "People meet in architecture" demogo also took part in the collateral event "Backstage architecture". In 2011 demogo became one of the members of the Top10 of NIB for New Italian Architects under36. In 2012 demogo was invited at the international forum "European urbanity" in Wien. Demogo received the second prize in the competition for Malga Fosse. This award directs the studio toward new territories of investigation: the sense of the natural environment and its relationship with architecture. This new course was successfully awarded with two prizes: the project for the Landscape Museum and the Health Service Centre in Trentino. The strategies related to the reuse of the city were instead the theme which demogo dealt with at the collateral event "Occupy Biennale", during the thirteenth edition of the Architecture Exhibition of Venice, "Common Ground". In 2013 the office received a special mention for the master plan of former Winckler area in Marly in Switzerland, directing its research interests to the possible transformations of large areas and disused infrastructures all around Europe. The first prize in the competition for the restyling of the large shopping centre FoxTown of Mendrisio demonstrated the strength of these new ideas. In 2015 demogo won the competition for the reconstruction of the bivouac Fanton on Marmarole mountain pass (2.661m), in the centre of Dolomiti natural park, now in the final design stage.

demogoarchitecture.wordpress.com

YOUNG TALENT OF ITALIAN ARCHITECTURE 2015 PRIZE

NEW TOWN HALL AND URBAN REFURBISHMENT OF THE PARC D'EPINAL | GEMBLOUX | BELGIUM

Gembloux, a medieval city located in the Walloon region, is characterized by the presence of three significant historical buildings: the ancient bell tower called the Beffroi, the Église Décanale and the Maison du Bailly.
The city launched a process of urban renewal and decided to involve the Europan authorities: in this sense the reconstruction of the town hall should have been the starting point for the urban refurbishment of the entire city.
The project underlines the importance of symbols of the city because they are intended as the direct extension of the building, focal points from which the blocks of the new town hall are modelled. One of the key issues lies in the establishment of a clear relationship between the park and the city: the park becomes a meeting place for the inhabitants while the new town hall is set up as a scenic wing from which the view opens over the medieval core. The project is grafted in the ancient urban centre, with its tangle of irregular and narrow streets, and it's designed as an operation of coherent integration with the existing urban tissue: in this case the south front of the building is entirely opened on the Parc d'Epinal, that becomes the central garden for the people of Gembloux. The definition of specific points of view focused on the symbols of Gembloux activates a process of fragmentation of the unitary mass of the building in three smaller parts, that adjust to the urban scale of the city and house different functional programs. The resulting fragments, covered with a copper cladding, take advantage of the various elevations of the project site and generate an articulated sequence of public spaces complementary to each other. Between each of these blocks there are glazed diaphragms: empty space between solid building masses, places of transition from where the user can appreciate the surrounding townscape.
In conclusion, the project tries to set up a new centrality in the existing town and in the same time it can be seen as an occasion of urban improvement: the building engages in a dialogue with the city and at the end reveals the real character of the surroundings. The project enters into resonance with the ancient voice of the city, also as far as its materiality, and establishes a changing relationship that is influenced by the atmospheric and lighting conditions of the site.

New town hall and urban refurbishment of the Parc d'Epinal / Gembloux / Belgium

Project
Demogo studio di architettura
Location
Gembloux, Belgium
Client
Città di Gembloux
Local architect
Syntaxe Architectes sprl
Structural and plant engineering
Bureau d'Etudes Lemaire sa
Client supervisor
BEF di Namur
Contractor
Franki sa
Copper cladding
Aurubis Nordic Standard
Project Timing
2009 competition 1st prize
2010-2012 design phase
2013-2015 construction
Project site
8.4 ha
Building area
9.770 sq
Photos
Pietro Savorelli

# ITALIAN ARCHITECTURE 2015 JURY PRIZE

House of Music / Cervignano del Friuli, Udine / Italy

Project
GEZA Gri e Zucchi Architetti Associati
Stefano Gri, Piero Zucchi
Team
Stefania Ascoli, Alessandro Zucchi,
Sonja Streichsen, Klima Faber
Structural Design
Nuttassociati, Udine, Italy / Italy
Systems Design
Eng Dave Srl, Pradamano
Contractor
Costruzioni Zoletal S.n.c, Premia, Italy
Works supervision
GEZA Gri e Zucchi Architetti Associati
Stefano Gri, Piero Zucchi
Client
Comune Cervignano del Friuli, Italy
Project Timing
design 2006-2007
construction 2009-2010
Dimensional data
area 750 mq
Location
via Verdi 23, Cervignano del Friuli, Italy
Photos
Massimo Silvestri

FABER HEADQUARTERS /
CIVIDALE DEL FRIULI, UDINE / ITALY

Faber's new offices are on the borderline between an industrial area and the agricultural landscape; the intention of this project is to deal with these two landscapes and "bring them inside" the building. The building consists of two staggered longitudinal volumes, connected by a central interconnecting body, which create two "internal" open spaces, controlled by the viewers on the project and on the two landscapes. The "double" theme permeates the entire design process. The two longitudinal buildings become two "S's", with the hall/offices floorplan layout that reverses on each floor: one completely blind side and one fully open overlap, alternating an open/closed effect on the facades. The client's program, as well, is divided into two large groups of spaces, one always overlooking the courts within (representative public spaces) and the other (operating offices) overlooking the industrial area outside. The structure is coated with a ventilated "skin" made with two materials, black concrete and black glass. Through subtle nuances produced by different types of glass and concrete, the building maintains its rigorous form and "industrial" structure. It doesn't abstract itself from the context through its shape, but only due to its lightness confented to it by a single color that fades in the interaction with the surroundings. The black concrete also characterizes the most important interior space: the entrance hall has a large marble flooring (terminato veneziano) black on black, a "liquid" element that reflects and connects the two green courtyards.

Faber Headquarters /
Cividale del Friuli, Udine / Italy

Project
GEZA Gri e Zucchi Architetti Associati
Stefano Gri, Piero Zucchi
Team
Stefania Ascoli, Chiara Marchetti,
Tania Telesca, Francesco Cavalla,
Gino Cuferti
Structural design
Nuttassociati, Udine, Italy
Facades Design
Ing. Angelo Posocco
Mechanical Systems Design
Bolfon Associati, Udine
Electrical Systems Design
Studio Bertato, Udine
Systems Consulting
RT Engineering, Udine
Works Supervision
GEZA Gri e Zucchi Architetti Associati
Stefano Gri, Piero Zucchi
Construction Company
Edildue Costruzioni
Mechanical Systems
Elettrica Durelle
Electrical Systems
Snc Impianti/Nasce
Telemanagment/Nasce
Furnishings
Arredi Scannessa/Multiforma
Client
Faber Industrie spa
Location
zan dell'Industria, Cividale del Friuli,
Udine, Italy
Project Timing
design 2009-2011
construction 2011-2013
Dimensional data
lot area 109,000 sqm
project area 3,270 sqm
+ 1,100 sqm (basement of)
volumm 39,500 cubic metres
Photos
Massimo Crivellari

HOUSE OF MUSIC / CERVIGNANO DEL FRIULI, UDINE / ITALY

The project involves the construction of the new House of Music of the Town of Cervignano del Friuli, inside an existing building that was completely renovated and transformed.
This new building brings together different requirements, related to various groups and associations, and provides equally differentiated ways to use the building. The House of Music hosts public meeting and catering spaces, spaces for rehearsal and music teaching, exhibitions, shows and conferences, as well as a recording studio.
The project involves the construction of two floors within the existing building. The brick structure will be preserved and raised to support the roof, while a new independent reinforced concrete structure will shape the new space inside of the building, ensuring the necessary acoustic performance.
This structure consists of four volumes on the ground floor that contain the rehearsal rooms, the only closed and independent elements within the double-height space.
The pitched roof with wooden beams has been rebuilt with a greater slope and higher than the existing one; the first floor, partly open to the double height distribution space, contains the multipurpose 100-seat hall.
The main facade is defined by five large projecting full height windows containing the glazed and solid panels at various levels both horizontally and vertically, giving "depth" to the facade open towards the city.

PRATIC HEADQUARTERS AND PRODUCTION COMPLEX.
FAGAGNA, UDINE / ITALY

The project involves the construction of the new headquarters and production facilities of Pratic Spa, specialized in the production of exterior shading systems. The area, on a slight slope to the south, is crowned by the view of the hill of Fagagna and of mountains to the north.
The buildings are made out of precast concrete elements, both for the structures and for the infill panels.
The production building is characterized by a facade dominated by vertical lines, without any horizontal joint. The panels, in various widths, and glass doors and windows are always ten meters high.
The different grit size, combined with black oxide, draws out a variable facade made with the simplest of technology.
For the single-storey offices, made with a double T structure, prefabrication is coupled with the implementation of a continuous glass facade, protected by a huge concrete suspended veil to the south, true landmark of the project.
The design of the exteriors include the implementation of low walls used as a "measuring" element for space and visual perception. Walls containing minimal land terracing organize the landscape and the paths, hiding the cars from view.
The entire roofing surface of the production building is used up by photovoltaic panels. The production of "clean" energy has been so significant as to influence all system choices for the entire project, in a perspective of savings and sustainability.

Pratic Headquarters and
Production Complex.
Fagagna, Udine / Italy

Project
GEZA Gri e Zucchi
Architetti Associati
Stefano Gri, Piero Zucchi
Team
Stefania Ascoli, Fabio Passon
Structural Design
Nuttassociati, Udine, Italy
Prefabricated Elements
Spav Prefabbricati Spa
Mechanical systems design
Bolfon Associati, Udine
Electrical Systems Design
Studio Bertato, Udine
Works supervision
GEZA Gri e Zucchi
Architetti Associati
Stefano Gri, Piero Zucchi
Construction Company

External Works
Sicrop Italia Srl
Intarsiors and Furnishings
Multiforma Srl, Manzano Spa
Photovoltaic system
Sunsynergy Spa
Client
Pratic F.lli Orioldo Spa
Location
via Zanetti 30-90,
Fagagna, Udine, Italy
Project Timing
design 2008
construction 2009-2011
Data
area 45,000 sqm
production complex 10,000 sqm
offices 1,000 sqm
showroom 950 sqm
external layout 32,000 sqm
parking 120 parking spaces
Photos
Fernando Guerra / FG+SG

参展项目：意大利建筑师奖和意大利建筑青年人才奖
设计者 / 单位：CONSIGLIO NAZIONALE ARCHITETTI PIANIFICATORI PAESAGGISTI E CONSERVATORI（CNAPPC）

YOUNG TALENT OF ITALIAN ARCHITECTURE 2015 PRIZE

YOUNG TALENT OF ITALIAN ARCHITECTURE 2015 MENTION

YOUNG TALENT OF ITALIAN ARCHITECTURE 2015

# AM3 Architetti Associati

Marco Alesi, Cristina Calì e Alberto Cusumano

**RECONSTRUCTION OF THE BIVOUAC FANTON / MARMAROLE MOUNTAIN PASS / ITALY**

The project for reconstruction of the bivouac Fanton is based on perception and amplification of the landscape, particularly on the extraordinary relationship that develops between man and mountain. This architecture is designed as a telescope able to frame the space, to circumscribe it. The opera becomes a connection between body and environment, offering itself as a vantage point in the heart of the Dolomites.

It appears as a volume roughed by nature on the ridge, an architecture characterized by a strongly inclined profile, that adapt itself to the orography of Marmarole mountain. This particular section has a strong value in the internal space, entirely organized upward along the longitudinal axis, forming an axis that connect the site and the downstream of Auronzo.

Materially the volume presents a metallic coating with a natural finish: a surface that will change with changes in the weather and seasons, allowing the bivouac to find from time to time an intonation with the context, offering so the contamination with the surrounding landscape and with the light reflected by the walls of dolomite rock.

Reconstruction of the bivouac
Fanton / Marmarole mountain
pass / Italy

Project
Design studio di architettura
Location
Marmarole mountain pass, Italy
Client
CAI – Sezione Cadoino di Auronzo
Structural engineering
Favaron ingegneria
Project Timing
2014 design phase and construction
Building area
20 mq

**NEW MEDICAL CLINICS AND PHARMACY / CIVEZZANO, TRENTO / ITALY**

A site that is interpreted by the new project as an important part of the completion of the historic context, characterized by asymmetries, misalignments, and inclined to follow the topography and the folds of a mineral city made by changes and fragmentation continuous paths and overlapping unexpected.

The new project reinterprets the theme of variation contained within the historic core, through the deformation of a regular plan, giving rise to a very compact form, a solid body, carefully sculpted to produce an architecture careful interaction perceptual between the observer and the landscape in the background.

It's about building visual sequences through formal variations produced by the work, to establish points of view and alignments can project the project outside the perimeter assigned, developing an idea of integrated landscape within which every single architecture acts as an element capable of reproducing the reverberation of this quiet alpine habitat has a unique urbanity.

New medical clinics and pharmacy /
Civezzano, Trento / Italy

Project
Design studio di architettura
Location
Civezzano, Italy
Client
Municipality of Civezzano
Project Timing
2014 ranked competition 2nd prize
Building area
1.030 mq

AM3 Architetti Associati was founded in 2011 by the architects Marco Alesi, Cristina Calì, and Alberto Cusumano. The Studio operates in Palermo and works on projects both in the private and in the public sphere, expanding the theme of urban redevelopment through the design and construction of elements set in high-value historical, archaeological, and landscape contexts. The analysis of the specific context in which each work is placed has a central role in the project procedure: this critical reading of the places aims at identifying the characteristics and peculiarities of the fragments that make up each site. At first, the various aspects are isolated analytically, then they are reassembled and recreated in a new and coherent way.

In the projects developed so far, precise spatial relationships with the context have been established both on a large scale and on a very small scale. From the design point of view, the Studio analyzes the many tensions that intersect the areas of the project, trying to find adequate solutions that are able to meet the diverse needs arising from the site itself.

The Association participates in many international design competitions: in 2014 they won, together with the Studio Cangemi, the competition for the construction of a 'Boarding school for students in Malles (Bozen, Italy)'.
www.am3studio.it

**REDEVELOPMENT OF THE SHOPPING CENTRE FOXTOWN. MENDRISIO / SWITZERLAND**

The FoxTown represents an unrelated urban reality in the context of the city of Mendrisio, totally out of scale in respect of the city centre, unable to establish a relationship with the public space and with a lack of elements of interaction between inside and outside.

The project is based on the continuity between the city and the shopping mall: in this sense the project itself becomes the new gravitational centre of the area. The proposal imagines the construction of a huge porch around the existing building that generates a space of transition, an expanded space that belongs both to the shopping mall and to the city. This urban space is characterized by a continuous succession of different points of view thanks to the changing of the heights and the width of the sectors of the project, that acquire from time to time the character of a pathway or of a small plazza.

Redevelopment of the shopping centre FoxTown.
Mendrisio / Switzerland

Project
Design studio di architettura.
Felicia Lamonaci
Location
Mendrisio, Switzerland
Client
Tarchini FoxTown sa
Project Timing
2014 competition 1st prize
Building area
1.500 mq

## YOUNG TALENT OF ITALIAN ARCHITECTURE 2015 MENTION

# LAPS Architecture + CASTELLI Studio

Salvator John A. Liotta, Fabienne Louyot
e Gaia Patti+Vittorio Castelli

*REGENERATION OF MULTI PURPOSE SPACES /*
*FAVARA, AGRIGENTO / ITALY*

Farm Cultural Park is a private cultural institute, committed to a project of urban regeneration, social relevance and sustainable development: to give the city of Favara and the neighboring areas a new identity, involving the experimentation of new ways of thinking and living.

Farm Cultural Park is part of a larger architectural complex, with a surface area of about 18,000 sq m, which marks the recovery of Favara, a town located just 8 km from the Unesco World Heritage site of the Agrigento Valley of Temples.

The project stems from the persistence of Andrea Bartoli and Florinda Saieva, a pair of young professionals who have decided to remain in Sicily. To avoid complaining about what doesn't get accomplished there and to become the driving force behind a small but significant change. In less than five years Florinda and Andrea have been able to transform this devastated town without a future into the island's most fashionable urban center, a factory of cultural and artistic innovation. Their giant contribution lies in having understood the potential of Favara's ruined historic center and having successfully involved not only the local residents, but also foreigners interested in the FARM project.

The space, whose original base is Arab, was renamed "The Seven Courtyards". It consists of ruins and whitewashed houses that contrast with the brightly colored works of art that emerge from balconies, walls and windows. It's a Kasbah made of art galleries, exhibition spaces, concept stores and gathering places. The white facades provide a sense of unity and cleanliness that stands out magnificently against the surrounding decay. They are used as canvases by artists whose works remain visible for a maximum of six months, after which they are recycled to support another work.

The intervention by LAPS Architecture and CASTELLI Studio involved the creation of a contemporary art gallery, shopping spaces and food & beverage areas, to be integrated with the existing spaces dedicated to urban farming, hospitality structures and artists' residences, office space for start-ups and co-working, with common kitchen and gardens for open-air seminars and events, distributed over several courtyards.

The entrance to the FARM XL ART GALLERY is through the shop, which in other museums is usually the last space before the exit. This in order to replicate the spatial distribution of the original Arab layout, where entrance and exit coincide. Instead of a western-style space, where everything is aligned according to the laws of perspective, with a single point of view, a topological approach was preferred. In the overall plan of the FARM project, the preferred spatial-organization consists of outcomes in which space is not experienced axially, and thus with an immediate perspective view. Here, space is experienced as a series of folds, niches and surprises: it is the body – and not the eyes – that plays the primary role in appropriating the space.

The intervention inside the FARM XL ART GALLERY re-proposes the same layout as Arab towns, with the same spatial topology: not on a plane but in cross-section, not horizontal but vertical. Instead of demolishing the existing structures, it was decided to regenerate a multitude of small residential units built without an overall plan. The various residential clumps were turned into a continuous, organic whole by demolishing the walls that separated them, thus creating connections and freeing the spaces, now forming free itineraries for visitors instead of hierarchic routes, open to natural illumination thanks to large picture windows.

This project demonstrates that art can serve as a credible vehicle for economic development, and the FARM project shows that it is possible to invest in a devastated area and regenerate it sustainably by investing in the immediacy of low-cost, innovative and visionary interventions.

Regeneration of multi purpose spaces /
Favara, Agrigento / Italy

Project
Vincenzo Castelli, Michele Virelli (Castelli Studio)
Salvator John A. Liotta, Fabienne Louyot, Gaia Patti
(Laps Architecture)
Location
S. Castelli Montegroro, Trecroe Bgl, Italy
Client
SS.SM (CASTELLI MLRS) Andrea Bartoli and Florinda Saieva
General contractor
White Srl
Project Timing
2014–2015
Photos
Nadia Centenarmi

Founded by three architects with different cultural backgrounds – Salvator-John A. Liotta, Fabienne Louyot and Gaia Patti – LAPS is a young studio with an international outlook, based in Paris.

LAPS was invited to participate in the 2014 Venice Architecture Biennial, won the 2014 IN/Arch-ANCE award and received a special mention at the 2013 Young Talents of Italian Architecture contest and an honorable mention at the 2014 contest for the same award.

LAPS Architecture has realized private and public projects in Italy, Japan and France, including: the FARM-XL art gallery in Favara (a collaboration between LAPS + Studio Castelli), the Équipement polyvalent et résidence sociale-Felix Faure in Paris (a collaboration between LAPS + MAB Arquitectura), the Wellness&Health Center in Nagasaki and, together with Atelier 2 (Marco Imperadori and Valentina Gallotti) co-designed the "Island, Sea & Food" cluster for the Milan Expo. Among the projects currently under way: an extension of the Médiathèque of the Musée du Quai Branly; a school in Canteleu and a conference hall for the Ile de France region. LAPS projects have been published in Domus, Abitare, A10, Edilizia e Territorio, The Plan and Marie-Claire.

Vincenzo Castelli is the founder of CASTELLI Studio and has collaborated from the very beginning with Andrea Bartoli and Florinda Saieva on the Farm Cultural Park project. He has worked as an architect and project manager in Krakow and Bucharest and assisted Adriana Sarro of the University of Palermo, who conducted several planning and design courses in Tunisia. In 2011, for Farm Cultural Park, he won the Premio Cultura di Gestione di Federculture award and in 2012 he was invited to participate in the XXIII Venice Architecture Biennial. In 2014 he was short-listed for the final phase of the Golden Compass award. Vincenzo Castelli is the technical director of Farm Cultural Park and director of White Srl. He has realized public and private projects in Italy and is currently working on developing social housing in Kazakhstan. CASTELLI Studio has extensive experience in the direction and management of work sites, and its design skills are expressed both through models realized in its workshop and digital renderings that exhibit a highly developed gestural synthesis and architectural lexicon.

www.laps-a.com
www.vincenzocastelli.eu

参展项目：意大利建筑师奖和意大利建筑青年人才奖

设计者/单位：CONSIGLIO NAZIONALE ARCHITETTI PIANIFICATORI PAESAGGISTI E CONSERVATORI（CNAPPC）

YOUNG TALENT OF ITALIAN ARCHITECTURE 2015 MENTION

# Mauro Crepaldi

MORTUARY HUB OF COPPARO / FERRARA / ITALY

Copparo - 1975), graduates from the Faculty of Architecture of Ferrara in 2001. He collaborates on a permanent basis with Antonio Ravalli Architetti studio until 2008, participating in numerous projects and international competitions. He is currently designer at Patrimonio Copparo s.r.l., an "in house" company of the Copparo Municipality; in particular, Mauro Crepaldi has been involved in activities ranging from design to construction of public works, on a large and small scale, from architectural restoration to new projects included within the urban fabric.

In these years, he designs and implements numerous works that earn him recognition and publications in trade magazines.

In 2012 he participates in the "Domus Restoration and Preservation" International Award where he receives a Special Mention.

YOUNG TALENT OF ITALIAN ARCHITECTURE 2015 MENTION

SEAFRONT / BALESTRATE, PALERMO / ITALY

YOUNG TALENT OF ITALIAN ARCHITECTURE 2015 MENTION

# Peter Pichler Architecture

PPA is a Milan based architecture and Design firm dedicated to develop an innovative and contemporary approach towards architecture, urbanism and design. Our declared aim is to achieve highest possible quality, excellent detailing and the creation of an integrated strategy involving the individual needs of the user, regardless of the budget. In all projects an appropriate integration of the architecture into its surroundings is a priority, all project solutions are determined and informed trough sustainability, value engineering and rationalization. From an early stage projects are set up with the ambition to develop intelligent building solutions regarding room layout, structure, building process and reduction of construction costs.

Peter Pichler was born in Bolzano, Italy in 1982. He was studying Architecture at the university of applied Arts Vienna and in the US at the university of California, returning back to Vienna where he graduated with distinction in the masterclass of Zaha Hadid and Patrik Schumacher.

Already during his studies Peter is joining Zaha Hadid in London, where he worked on several competitions covering all scales and on the award winning Nordkettenbahn in Innsbruck. He spent a while in Rotterdam working for Rem Koolhaas after turning back to Vienna and joining the team of Delugan Meissl, collaborating on an award winning concert hall in Amman, Jordan.

After finishing his diploma Peter goes to Hamburg where he is working for Zaha Hadid as a project architect on a the new library and learning center in Vienna and on a 150.000mq. mixed used development in Bratislava. He turns then back to Italy and establishes Peter Pichler Architecture in Milan.

Peter Pichler is a registered Architect in Italy and member of the chamber of architects of the autonomous Province of Bolzano.

MIRROR HOUSES / BOLZANO / ITALY

The Mirror Houses are a pair of holiday homes, set in the marvellous surroundings of the South Tyrolean Dolomites, amidst a beautiful scenery of appletrees, just outside the city of Bolzano. They were designed by architect Peter Pichler.

The Mirror houses offer a unique chance to spend a beautiful vacation surrounded by contemporary architecture of the highest standards and the most astonishing landscape and beauty nature has to offer.

The client, who lives in a restructured farmhouse of the 60s on the site, asked to design a structure for renting out as luxury holiday units. Guests have their small autonomous apartment and can fully enjoy the experience of living in the middle of nature. A maximum degree of privacy for both the client and the residing guest should be taken into consideration.

The new structure is oriented towards east with their private garden and an autonomous access and parking for the guests. Each unit contains a kitchen / living room as well as a bath- and bedroom with big skylights that open to allow natural light and ventilation. A small basement serves for temporary storage.

The projects initial volume is split in 2 units that are slightly shifted in height and length in order to loosening the entire structure and articulating each unit. Both units are floating on a base above the ground evoking lightness besides offering better views from their cantilevering terraces to the impressive surrounding landscape. The volume opens towards east with a big glass facade that fades with cantilinear lines into the black aluminium shell. Mirrored glass on the west facade borders the garden of the client with the units and catches the surrounding panorama while making the units almost invisible. The mirrored glass is laminated with an UV coating preventing birds collision. From certain views of the clients garden the old existing farmhouse is mirrored in the new contemporary architecture and is literally blending into it (rather then competing against).

YOUNG TALENT OF ITALIAN ARCHITECTURE 2015 MENTION

# MFA Architects
# + Nicola Martinoli

MFA Architects is an architectural firm founded in 2007 by Matteo Facchinelli following his training and his experiences in Belgium, France and Italy: MFA is a studio of architects dedicated to architecture, urban planning and landscape. Architectural research plays a major role. Matteo Facchinelli has been assistant professor at the Polytechnic of Milan since 2012.

Nicola Martinoli founded his own studio in 2011, following several years of collaboration with Camillo Botticini Architect studio first, and then as a partner of Architetti Botticini – de Appolonia & Associati studio. In 2012 he founded ALN Atelier Architecture studio together with engineer Luca Varesi, with offices in Paris and Milan, with whom he signed the project of the French Pavilion at EXPO 2015 in Milan.

YOUNG TALENT OF ITALIAN ARCHITECTURE 2015 MENTION

# Diverserighestudio

## Simone Gheduzzi, Nicola Rimondi
## e Gabriele Sorichetti

Gheduzzi Simone, Nicola Rimondi and Gabriele Sorichetti engage in multidisciplinary research, giving form to the encounter between different experiences and creating a continuous dialogue between the theory and the practice of architecture; they conceive the composition as a dynamic relationship between the theme and the program, they experience the relationship with the shape focusing on aspects related to the metaphor of the composition and tending to an ideal of quality that integrates the environment with a positive vision of reality. They exhibited their works at the Italian Pavilions at the London Festival of Architecture, the Shanghai World Expo and the XII International Architecture Exhibition of the Venice Biennale and presented their work at various Lectures, both personal and collective, in Italy and abroad.

MUNICIPAL TECHNICAL CENTRE OF REXHEIM | FRANCE

"Where the technical problem is overcome, Architecture begins"
(Ludwig Mies Van der Rohe)

An agricultural context on one side, and an area of residential expansion on the other, suggested an impressive architecture, well integrated into the landscape and respectful of the local architectural models. The volume of the model taken as reference is the archetype of Alsatian architecture that, replicated in several modules, allows to obtain a variable volume that is better suited to a building for public use rather than private. The strongest sign is therefore the roofing, that brings together under a single architectural element all functions, standing out on the facade thanks to the sequence of the different bays.
The characteristics of the site prompted us to design a single building that, thanks to the concentration of all the functions of the first phase, will ensure real economic savings, both in terms of worksite costs and of all that concerns management and maintenance costs. Lastly, the proportion defines a strong and simple architecture, a building with a mitigated industrial character due to the logic of the pre-existance of pitched roofs.

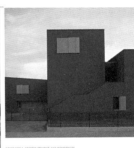

CASALOGICA, UNITED PROJECT AND RESIDENCES

Casalogica, built in the hinterland (frazione pedana) in the Province of Bologna, is located in an area acting as complement to the urban fabric, characterised by the presence of two buildings with a compact form from the early 50s adjacent to which once stood a rural storage building.
The heterogeneity of the context and the history of the project area, which was a place of work, give the design experience the characteristic of urban transformation. Casalogica observes and feeds what happens outside of the project area relating itself with the vistas and weaknesses of the suburban context, betraying the visual concept of border to become elastic and accommodating. It adapts to the shape of the place making its model repeatable and repeatable in space and time.

Municipal technical centre of Rixheim / France

Project
MFA Architects
Nicola Martinoli Architetto
Team
Marco Vicente, Martine Panosi,
Daniele Quadri, Enzo Galatti
(GM)
economist
OSI Studio
structures
BMG
steel structures
ART Madrid
mechanical systems
BMG
electrical systems
Location
Rixheim, Alsazia,
France
Client
City of Rixheim
Project Timing
2013/2015 project
2014/2015 worksite
Building area
1,630 sqm building
11,000 sqm outdoor space
Photos
Fernando Guerra | FG + SG
fotografo de arquitectura

**参展项目：阿尔托展馆修复**
**设计者 / 单位：Studio di Architettura Gianni Talamini**

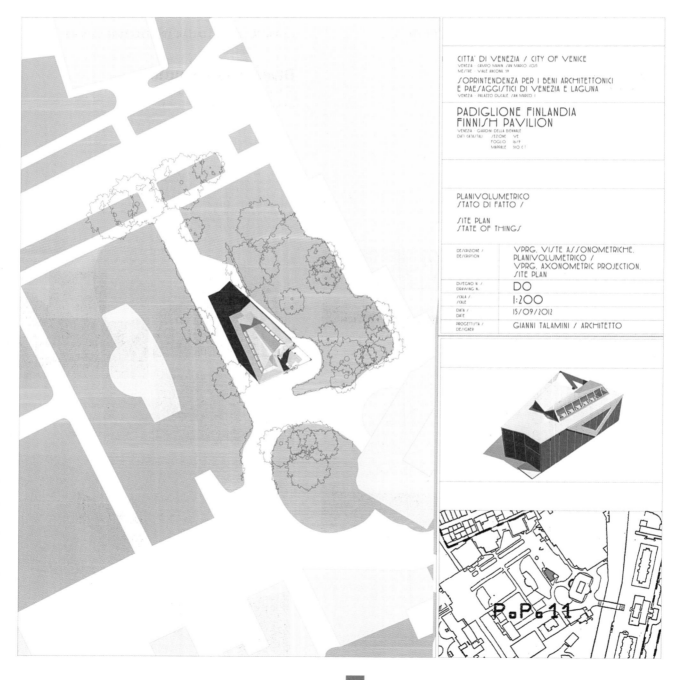

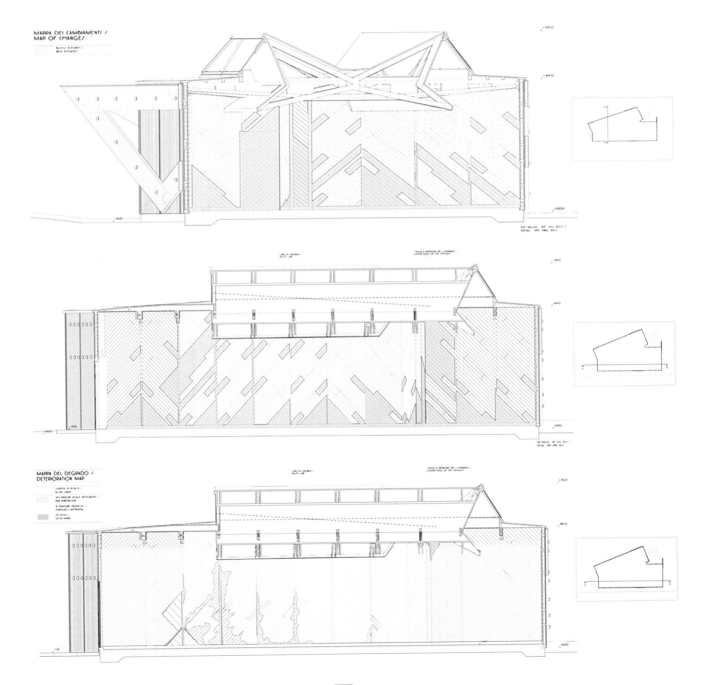

**参展项目：阿尔托展馆修复**

**设计者 / 单位：Studio di Architettura Gianni Talamini**

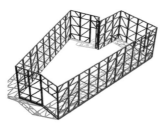

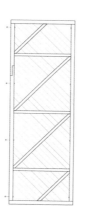

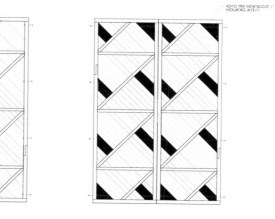

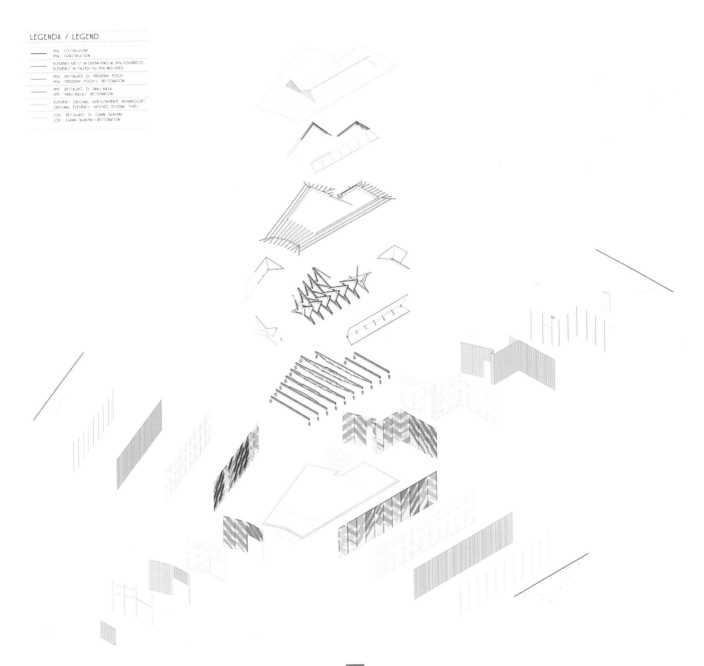

LEGENDA / LEGEND

1956 : COSTRUZIONE
1956 : CONSTRUCTION

ELEMENTI MESSI IN OPERA FINO AL 1976 COMPRESO
ELEMENT INSTALLED TIL 1976 INCLUDED

1976 : RESTAURO DI FREDERIK FOGH
1976 : FREDERIK FOGH / RESTORATION

1991 : RESTAURO DI PANU KAILA
1991 : PANU KAILA / RESTORATION

ELEMENTI ORIGINALI PRETUTAMENTE RIMANEGGIATI
ORIGINAL ELEMENTS / PATCHED / EVERAL TIME /

2011 : RESTAURO DI GIANNI TALAMINI
2011 : GIANNI TALAMINI / RESTORATION

**参展项目：乐山市文化艺术体育中心概念设计／中盛万青青城山项目概念规划方案 ／邛崃西部新城概念设计**

**设计者／单位：Tiranni（chengdu） Architectural Design & Consultant Co.，ltd**

### 中盛万吉青城山项目概念规划方案

　　该项目位于都江堰市青城山镇，距都江堰市区15公里左右，距青城山门不足2公里。项目用地为青城山东侧的平坝地带。本项目为青城山平坝片区。项目总规划面积21.12公顷（约317亩）。为做好此规划方案，我公司设计人员曾先后多次对场地进行踏勘，并反复与甲方进行沟通协调，最后结合实际建设发展需要以及环境综合分析而形成该方案。

　　本方案旨在对青城山优越的自然及文化资源加以充分利用的同时，也针对青城山片区望山而不临山的区域，为适应社会发展需求引入新兴健康文化产业，为青城山片区原有的纯休闲旅游注入新的活力。

### 乐山市文化艺术体育中心概念设计

　　依托中央公园将演艺中心及体育场与其他展馆分隔开，自然形成动静分区的效果。

　　体育场设计灵感源于飘渺不定却又摄人心魄的峨眉云海。看似错综复杂实又有规可循的型材构架支撑起了整个体育中心，体现了生命不息、运动不止的精神。

　　博物馆的设计从峨眉山山体的伟岸以及瀑布的灵动中获得灵感，动静结合，更加有效地烘托了整体的山水氛围。

　　左下图为建筑立面绿化境的参照意向。我们通过这种方式将绿化效果表现得更加立体化，从而与周围的"山水氛围"完美呼应。现代感十足的不规则线条分割，使整个建筑体显得更加动感时尚，更加前卫。

### 邛崃西部新城概念设计

　　该城市规划设计为四川省邛崃市新城区启动区城市规划设计，与邛崃市老城区一河之隔。

　　北面靠近城市环路的位置，设置大型运动场和开放式健身中心。该中心不仅服务于西部新城，同时由于运动中心靠近启动区内的游走系统，可使区内不同年龄阶段的人通过游走系统到达运动场，或利用游走系统的环路开展慢跑、散步等运动，中途休息区另配有健身器材，达到启动区健身场的全覆盖。

　　另外，配合运动中心打造运动理疗、康复管理等康复机构，完善全生命周期的健康服务。

　　运动中心的东侧为与整体健康生活方式融入一体的有机农业市场。通过运动中心的辐射影响，带动有机产品的销售，成为健康城西部有机农业对外推广的窗口。

**参展项目：李庄游客接待中心建筑设计 / 恩阳古镇北入口片区建设项目**
**设计者 / 单位：Tiranni（chengdu） Architectural Design & Consultant Co.，ltd**

**李庄游客接待中心建筑设计**(该项目获得创意成都建筑设计金奖)

该项目是位于四川省宜宾市翠屏区李庄镇的游客接待中心建筑面积3084㎡。

在建筑设计中充分考虑李庄古镇的文化背景，利用李庄现有古建筑的构成形式，结合现代的表现手法得到最后屋顶的设计方案，整个屋顶设计如同仙鹤飞舞。沿街建筑立面设计灵感来源于被称为李庄四绝的张家祠百鹤窗，巧妙的将百鹤窗仙鹤的形象抽象为简单的集合图形，但仙鹤的形象仍然栩栩如生。

建筑采用复合墙体可以增强建筑内部空间的热稳定性，加强墙体的热工效率，减少由围护结构带来的热损失。我们还注重建筑的通风性的空气利用，同时，我们还运用一些百叶窗来控制阳光对室内光线及室内温度的影响。

## 恩阳古镇 北入口片区建设项目

　　项目用地北邻巴中重要的城市发展轴——恩阳大道（恩阳大道北通巴中城区，南至南充、成都），具有得天独厚的交通优势和发展潜力，在未来将是成都到巴中沿线的黄金节点。

　　该设计方案顺应实际地貌形成层层下落的场地空间，并打造可进入式坡地绿化。

　　滨河界面由滨水商业街和滨河亲水空间两部分构成：打造连贯的滨水商业街，将游客中心与通往古镇的廊桥、以及市政广场无缝连接起来；设置滨河亲水平台、栈道，同时打造一处码头，与下游古镇原码头遥相呼应，形成完整的水上游线。

**参展项目：五岳合·富地广场景观设计项目**
**设计者 / 单位：Tiranni（chengdu）Architectural Design & Consultant Co.，ltd**

**五岳合·富地广场景观设计项目**

　　该项目是位于成都市新都区的五岳合·富地广场的景观设计项目，包含商业区景观设计和小区内部景观设计两部分，图示为小区内部景观设计实景图。

　　小区内部的环形道路在满足消防规范的同时也为小区居民提供了健身运动的场地，曲线的设计为原本枯燥的运动线路平增了几分趣味。

　　环线内部根据"动"、"静"的不同分别在两端设计了现代的水景景观和运动场地。现代的水景景观在为人们提供亲水平台的同时，其周边还设有可供人们休息的凉亭和休息平台。运动场地设有羽毛球场，供人们运动娱乐。

**参展项目：对埃斯奎利诺附近区域和纳尔尼旧城的设计和修复经验**
**设计者 / 单位：Alessio Patalocco Architect**

# 一、简介

埃斯奎利诺街区，坐落于罗马市内最高的山丘之上，拥有令人惊诧却大相径庭的历史阶段：在考古发掘领域，它是一块瑰宝（在意大利城市与建筑发展的过程中功不可没），但同时，却又被这座现代城市所忽视，与罗马的都市生活隔离了数十年，已没有能力展现它的美丽。

现在的埃斯奎利诺街区被注入了新的活力，这应当归功于大量的外国社会团体，特别是中国人，他们选择此地作为主要的居住区域。

今天，埃斯奎利诺已成为罗马最"全球化"的区域也正是这个原因，它应当在都市地域范围内，通过彰显其别样的角色特征来展现它美的方面。

如若此事成真，罗马会为其闻名于世的缘由中增添更多的辞藻，同时也为来自于遥远亚洲、非洲和南美洲各国度的优秀文化一个得以品评的机会，并以适当的方式在城市形态中加以展示。

为获得这样的效果，我们有必要以非常独到的建筑设计眼光来审视埃斯奎利诺。同时，又应与该区域内主要来自亚洲和其他地域的居民们的视角相一致。

我们还要具备一定的分析能力，从时间的积淀中理解古罗马城市之美的源泉，并将其以新的形式重新贡献于未来的罗马。此次设计课程的主要意图就是：检验"国际化"设计的可能性，使之有能力对城市进行转变，引导来自遥远国度的能量，将他们从悠久历史中继承的方式、教益和风范重新投入罗马的未来中去。

此次设计课程学科目标与文化目标简要综述如下：

由年轻的设计师们组建成具有国际化性质的小组，使其拥有可将汇集了该区域现在与历史特征的、来自于中国的建筑语言进行综合提炼的能力。各设计小组有必要保证这是一份由埃斯奎利诺街区现有居民——大部分为中国人——"共同参与的设计"。

从中国的国际化城市语言中，特别是从其所使用的技术、建筑表皮、照明系统以及商业特征或空间功能中获取新的有益的城市元素，使埃斯奎利诺街区在罗马这座城市中凸显出来

重新审视古老的历史建筑，不仅关注其形式，还要重视其实际的建筑材料，将它们视为未来城市构建模式和有益形式的巨大资料馆，特别要从中探寻在环境需求下解决可持续发展问题的方法。课程中会安排建筑历史与修复专家指导学生学习古代的建筑模式和材料，并引导学生思考如何将其运用到未来环境友好型的建筑中去。

# 二、课程安排

课程内容：

本设计课程旨在研究如何将埃斯奎利诺街区融入罗马市中心性、纪念性和指向性的城市区域系统中。

可供选择的设计主题：

A．城市设计练习。加强埃斯奎利诺街区的城市中心性，赋予其两个目前还未在罗马出现的城市功能：

演出和研究现代舞蹈的国际剧院或大型工作室；

放映和制作记录片的多功能播映场所（如国际影片和纪录片的制作和档案中心）；参加课程学生的其他设想。

这两个功能的引入应当提升此街区的多文化品质，通过覆盖整个区域的介入式设计来实现自我价值；也可采用恢复古罗马历史建筑功能的方法来达到此目的，如所谓的"弥涅尔瓦神庙"，或部分的帝国城墙；或者可以恢复一些今天不再使用的公共建筑

## 图版 1. 设计区域概览

### 设计区域及其与罗马历史中心关系俯瞰

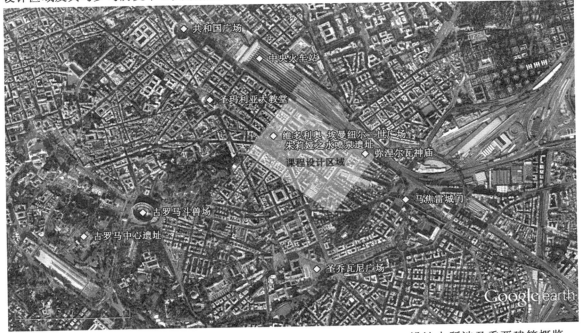

### 本课程设计指定区域俯瞰

### 设计中所涉及重要建筑概览

"展现朱莉娅之水"喷泉遗迹

弥涅尔瓦神庙

的功能，如前"国家铸币厂"；当然还可以对维多利奥·埃曼纽尔二世广场和其中的公园进行重新设计。

　　B. 历史建筑修复。将静态分析与类型学分析、建造技术复原、新建造模式的甄别等手段应用于以下具有考古价值的古罗马建筑中：

　　1. "弥涅尔瓦神庙"建筑遗迹；

　　2. 部分古罗马输水道和奥勒良城墙；

　　3. "展现朱莉娅之水"喷泉遗迹。

　　C. 灯光设计练习：实施于上述练习的建筑之中，以光的路线和各异的色彩将这些建筑和谐地结合在一起。这项练习的任务是给予这个街区一个协调统一的亮点，通过引导参观者参与到上述两个介入式建筑的活动中，达到在夜间令该街区也极具吸引力的目的（选择此主题的设计者应与前两个练习的设计者进行合作）。

　　设计期间，将举办五场重要的讲座（约20小时现场讲座），涉及历史、修复和城市规划等方面。主要讨论内容如下：

　　古罗马帝国城市规划中的埃斯奎利诺街区：具有考古学价值的历史建筑的重要性，其设计与建造技术将有可能影响到西方现代建筑。

　　现当代城市规划与建筑设计的转变：城市规划中文化的交叠与矛盾。

　　存在于埃斯奎利诺的国际社会学：古代与当代城市系统在多文化层次的开发，使埃斯奎利诺的城市生活更加重要，使其在功能上更好地融入罗马历史中心区的其他街区中。上述提及的建筑可参见附图。注册此次设计研讨课的学生将可以访问专门为此设置的网站，浏览相关建筑、城市景观和一些设计设想的信息。

## 三、课程进度及相关事项

　　第一周——埃斯奎利诺街区分析和讲座

　　埃斯奎利诺街区分析主要以参观该区域为主，同时由专人讲解指导；

　　讲座由大学和文化机构的知名人士主讲（约20小时现场讲座）；

　　讲座和参观活动将有全程中文翻译。

　　第二周——设计

　　设计中专为各小组设置的面授课程（约10小时）；

　　每个设计小组最多5名成员；

　　设计小组的设计活动将安排在专业设计事务所或罗马的大学内开展。

　　认证工作

　　课程的参与者将可获得以下机构提供的证书：

　　罗马第三大学建筑学院；

　　罗马建筑师协会。

　　设计研讨课的最终设计成果将公布在相关网站上，以接受来自国际的评判意见。其中的优秀作品将会呈递给埃斯奎利诺街区管理部门，以期得到进一步的深化。

　　组织工作

　　组织者将负责以下事务：

　　相关技术与历史信息将于课程开始前约1个月公布于指定网站；

　　重要材料的口译和笔译工作；

　　专人随同现场参观；

　　必要的市内交通；

　　联系安排当地住宿（与埃斯奎利诺街区内的B&B旅馆签订利于学生的住宿协议）。

## 图版 2. 弥涅尔瓦神庙

**现状**

**皮拉内西和其他十八世纪画家笔下的神庙**

**古罗马帝国时期的修复**

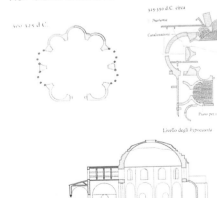
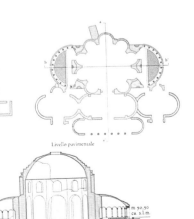

## 图版3. "展览朱莉娅之水"喷泉遗迹

**现状**

**皮拉内西和其他十八世纪画家笔下的喷泉**

**古罗马帝国时期的修复**

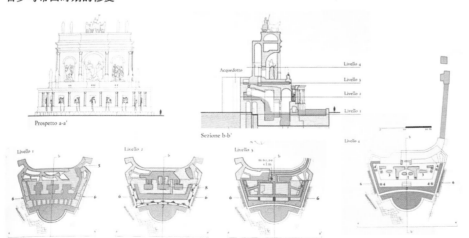

## 图版4. 其他相关历史建筑

前国家铸币厂

主要街道

古罗马城墙

输水道遗址

**参展项目：阿特拉斯的纳尼亚塔和楼塔项目**
**设计者 / 单位：Studio Patalocco**

Architect and Urban Artist, ALESSIO PATALOCCO opens his Art, Architecture and Design Agency in Terni in 2008. He's Teacher assistant in Architecture History of "Roma Tre" University and PhD in Urban Sustainable Design. He won several important architecture contests single or in group.
He's author of several urban requalification also with "Public Art" interventions. His architectural and research works where honored and published in several international magazines and books in Europe, Japan and Hong Kong. His theoretical activity concerned in historical works "in between" project and history method, as an instrument to use in everyday (practical) Architectural works.

ALESSIO PATALOCCO ARCHITECTS, founded in 2008, today is made up of two associated architects (Simone Stentella, Roberta Dello Stritto) and one associated artist (Laris Conti).
This architectural agency has a lot of work ever "in between" histor and design.
the most important part of their design takes inspiration from history, reproposing the different iconic values in all design problems thatthey have to solve.

www.alessiopatalocco.eu

the ATLAS OF NARNIA'S TOWERS AND TOWER-HOUSES is a historical tribute to a village that have a lot of these interesting medieval structures.

however these historical teaching is an important meaning to re-use in the contemporary design strategy: is a consolidated way of living of this part of Italy and, also, there is a lot of parameters and features in common with contemporary architecture.

these historical work have an important part of architectural relief, using modern instruments like laser-scan and the straightening photos (to take informations about the most difficult part to detect.

then, a group of historical workers makes a syntesis of the most important features and the most important indication about a restoration strategies.

COMMITMENTS: OPERA PIA ALBERTI E DEI NOBILI, NARNI
FONDAZIONE CASSA DI RISPARMIO DI TERNI E NARNI

RESEARCH GROUP:
ARCH. ALESSIO PATALOCCO, (LEADER GROUP)
  PHD IN DESIGN AND HISTORY - ROMATRE UNIVERSITY

PROF. SAVERIO STURM,
  TEACHER HISTORY - ROMATRE UNIVERSITY
ARCH. SERENA BISOGNO,
  PHD IN HISTORY OF ARCHITECTURE, UNIVERSITY OF NAPLES
DOTT. GIAMPAOLO SERONE,
  ARCHEOLOGIST, HISTORIAN OF MIDDLE AGE
DOTT. ANTONIO ROCCA,
  HISTORIAN OF RENAISSANCE

ARCHITECTURAL RELIEFS (ALESSIO PATALOCCO ARCHITETTI)
  ARCH. SIMONE STENTELLA, ASSOCIATED
  ARCH. ROBERTA DELLO STRITTO, ASSOCIATED
  DOTT. LARIS CONTI, MODEL MAKER

DOTT. GIORGIA FREDDUZZI, CONTRIBUTOR
DOTT. LUCA BONO, CONTRIBUTOR
ARCH. ANTONELLA SERONE, CONTRIBUTOR
MAGDALENA PAWLUS, CONTRIBUTOR
KAROLINA FIEGEL, CONTRIBUTOR

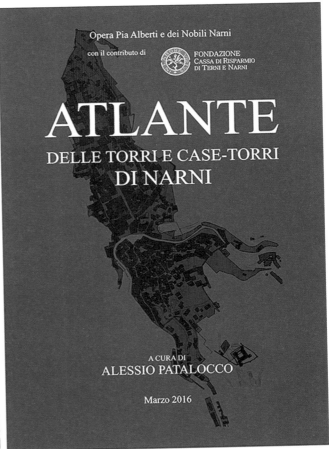

Opera Pia Alberti e dei Nobili Narni
con il contributo di  FONDAZIONE
Cassa di Risparmio
DI TERNI E NARNI

# ATLANTE
## DELLE TORRI E CASE-TORRI
## DI NARNI

A CURA DI
### ALESSIO PATALOCCO

Marzo 2016

参展项目：阿特拉斯的纳尼亚塔和楼塔项目
设计者 / 单位：Studio Patalocco

**TERZIERE SANTA MARIA**

1 - Via Mazzini, 14
2 - Via Mazzini, 20
3 - Via XIII Giugno
4 - Via Della Mora, 52
5 - Via Marcellina, 52
6 - Via Gattamelata, 51
7 - Via Del Fico
8 - Via San Bermardo, 24
9 - Piazza San Bernardo, 3
10 - Piazza San Bernardo, 6
11 - Piazza San Bernardo, 8
12 - Piazza San Bernardo
13 - Via Mazzini
14 - Via Marcellina, 17
15 - Via Gattamelata, 117
16 - Vicolo Dell'Oratorio
17 - Via Delle Mura, 2

**TERZIERE FRAPORTA**

1 - Via Arco Romano, 2
2 - Via Arco Romano, 6
3 - Via Garibaldi, 2
4 - Vicolo Stretto, 8
5 - Via San Giuseppe
6 - Via San Giuseppe (angolo)
7 - Via Benedetto Cairoli, 40
8 - Via Benedetto Cairolo, 17
9 - Via San Giuseppe
10 - Via San Giuseppe
11 - Piazza dei Priori
12 - Via dei Nobili
13 - Piazza dei Priori 9-10
14 - Piazza dei Priori, 7
15 - Piazza dei Priori-Via Bocciarelli
16 - Via Bocciarelli
17 - Piazza dei Giardini, 43
18 - Via Saffi, 3
19 - Via della Pinciana, 9
20 - Via della Pinciana, 5
21 - Vicolo del Teatro, 10
22 - Vicolo del Teatro, 7
23 - Via del Campanile
24 - Via del Campanile, 26
25 - Via del Campanile, 16
26 - Via del Campanile
27 - Via C. F. Ferrucci
28 - Via Saffi, 26

**TERZIERE MEZULE**

1 - Piazza Garibaldi, 7
2 - Via del Monte (tra civico 23-25)
3 - Vicolo Torto, 9
4 - Vicolo Torto, 10
5 - Vicolo della Pigna, 13
6 - Vicolo della Pigna, 19
7 - Via XX Settembre, 14
8 - Via Cocceio Nerva, 14
9 - Via Santa Croce, 9
10 - Via XX Settembre, 30
11 - Vicolo del Monte, 21
12 - Via XX Settembre - Vicolo Torto
13 - Via XX Settembre, 21
14 - Via XX Settembre,20

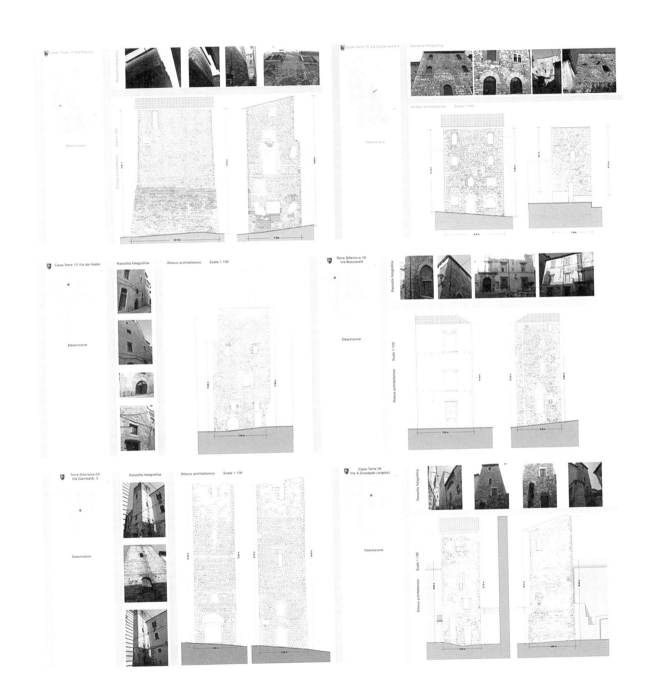

**参展项目：阿特拉斯的纳尼亚塔和楼塔项目**
**设计者 / 单位：Studio Patalocco**

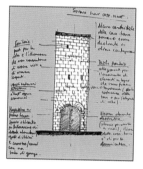

## ATLAS OF NARNIA'S TOWER-HOUSES

THE ATLAS OF NARNI'S TOWER HOUSES IS AN IMPORTANT DOCUMENT THAT SPEAKS ABOUT THE CONFIGURATION OF THESE MEDIEVAL STRUCTURES IN THE LITTLE MEDIEVAL VILLAGE OF NARNI, ABOUT 100 KM FROM ROME.

IS A RESEARCH WORK WITH ARCHITECTURAL ILLUSTRATIONS, PICTURES AND TEXT THAT SPEAKS ABOUT HISTORY AND URBAN CONFIGURATION OF THESE ANCIENT TOWER HOUSES AND THE HISTORY OF THE MEDIEVAL COMPLEX ABOUT X AND XIV CENTURY.

IN NARNI THERE IS, TODAY, 59 TOWER-HOUSES THAT WE CAN STILL ADMIRE; BUT THE MOST IMPORTANT THING IS: WHAT CAN WE LEARN FROM THEM?

IS IMPORTANT TO CATCH THEIR PRINCIPAL CHARACTERS, BECAUSE WE CAN (TODAY) PRODUCE SOME NEW DESIGN WORKS ALSO WITH THE HELP OF THE HISTORY: ESPECIALLY WHEN CONSIDERED AS THE STRATIFICATION OF THE NEEDS OF PEOPLE, ARISING IN DIFFERENT HISTORICAL PERIODS AND THAT, OVER TIME, THEY HAVE BECOME MUTUALLY COMPATIBLE! THE PRESENTATION PUTS BEFORE THE HISTORICAL CHARACTERISTICS, THEN THE TYPICAL ELEMENTS THAT CAN BE REUSED IN AN ARCHITECTURAL CONTEMPORARY LANGUAGE.

NARNIA'S MODEL OF THE ANCIENT TOWER-HOUSES
### NARNIA at 1400 C.E.

THESE MODEL REPRESENT NARNIA AT 1400 C.E. - SCALE 1:500
IN RED: THE 59 TOWER-HOUSES
THE OTHER COLORS, BY DARKER TO LIGHTER, REPRESENT THE
DIFFERENT HISTORICAL PHASES ABOUT THE EXPANSION
OF THE MEDIEVAL VILLAGE

# NARNIA AND THEIR TIPICAL "TOWER-HOUSES"

TOWER HOUSE #1
PIAZZA GARIBALDI
**XI CENTURY C.E.**

TOWER HOUSE #23
VIA XX CAMPANILE
**X XVIII CENTURY C.E.**

TOWER HOUSE #3
VIA GARIBALDI
**III-XI CENTURY C.E.**

TOWER HOUSE #3
VIA XII GIUGNO
**IV-XIII CENTURY C.E.**

## THE 11 FEATURES OF NARNIA'S TOWER-HOUSES

**1** EDIFICATION IN ACCIDENTAL AREAS FOLLOWING THE ISOCURVES OF THE GROUND

**2** A NOT REGULAR PLAN, ALWAIS WITH 4 PERIMETER WALLS

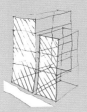

**3** PRINCIPAL FRONT THAT LOOKS TO THE STREETS, ARE ONLY THE MOST LITTLE SURFACE OF THE BUILDING

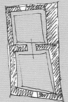

**4** INTERIORS ARE ORGANIZAED ONLY WITH ROOMS ARRANGED IN PAIRS

**5** THE ACCESS FROM THE STREET, IS ALWAIS CIRCUITOUS

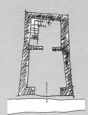

**6** DIRECT ACCESS FROM THE STREET ONLY FOR ROOMS OF THE GROUND FLOOR

**7** ENVELOPE HAS A STRUCTURAL AND A "DEFENSIVE" FUNCTION

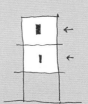

**8** THE UPPER WINDOWS ARE LARGER THAN THE LOWER

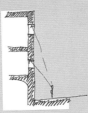

**9** INSCRUTABILITY OF THE INTERIOR SPACES FROM THE STREET

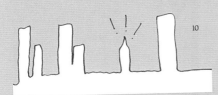

**10** THESE TOWER-HOUSES HAVE A SYMBOLIC FUNCTION LIKE A LANDMARK

**11** THAT ARE LINKED WITH THE NATURALISTIC CONTEXT: FOR MATERIALS, FOR IMAGE AND FOR THEIR "ICONIC" VALUES.

**参展项目：重庆市两江新区重庆房子 / 重庆市南岸区米市街历史街区**
**设计者 / 单位：重庆房子·重庆博建建筑规划设计有限公司·日清景观**

重庆市两江新区
重庆房子
Chongqing Liangjiang
New Area ,
Chongqing House

新型巧筑——

集重庆地域文化、
本土建筑元素、
绿色生态技术于一体的
原创办公楼

重庆吊脚楼

速写印象

体量切分

自然风

大师笔下的
重庆房子

景观

重庆房子生态节能技术

地能新风系统

底层架空和L形中庭导风系统

连续曲折的交通系统，
立体的活动平台；

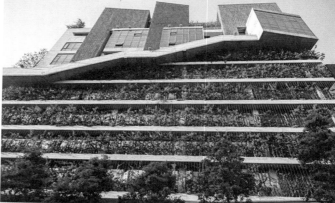

垂直绿化系统

屋面作雨水回收及滴灌系统

重庆市南岸区
米市街历史街区
Chongqing Nana
District,
MishiStreet

## 城市修补——开埠时期中西合璧建筑的修复与重构实践

**参展项目：重庆市巴南区西流沱古镇景观方案设计**
**/重庆市渝中区鲁祖庙片区城市更新概念设计**
**设计者/单位：重庆房子·重庆博建建筑规划设计有限公司·日清景观**

重庆市巴南区
西流沱古镇
景观方案设计
Chongqing Banan
District,
Xiliutuo ancient town
Landscape design

### 我们所"创造"的"西流沱古镇"

▶ 它是故事发生的根源。

▶ 它不是一个主题游园或者影视基地，而是具有人文历史的居所。

▶ 地域的特点、历史的变迁、活的韵味、家族的痕迹是我们着力

▶ 这是一个新造的街市，但我们要让人感受到这个镇子的历史。

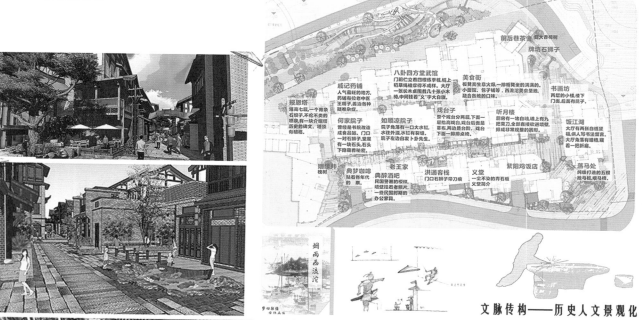

文脉传构——历史人文景观化

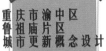

重庆市渝中区
鲁祖庙片区
城市更新概念设计

Chongqing Yuzhong
District, Lu Temple
area Urban renewal
concept design

文脉传构——"工匠新市井"

二层平台系统、丰富涵走流线

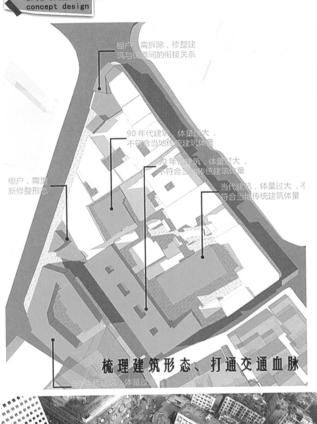

棚户，需拆除，修整建筑与群间的衔接关系

90年代建筑，体量过大，不符合当地传统建筑体量

90年代建筑，体量过大，不符合当地传统建筑体量

当代建筑，体量过大，不符合当地传统建筑体量

棚户，需拆除，新修整形态

梳理建筑形态、打通交通血脉

**参展项目：重庆市渝中区上清寺 V 谷互联网 + 文创产业园 / 重庆市渝中区戴家巷文创街区**
**设计者 / 单位：重庆房子·重庆博建建筑规划设计有限公司·日清景观**

重庆市渝中区
上清寺V谷
互联网+文创产业园
Chongqing Yuzhong
District, Shang Qing
Si Internet Plus
Office Park

**城市修补——"互联网+"存量更新**

"留" 空间内涵之形
"创" 和谐对立之美
"拓" 环境空间之用

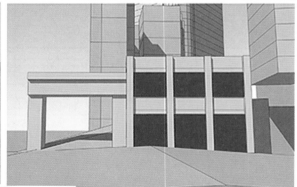

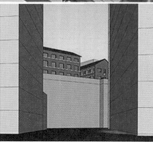

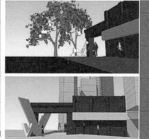

## 文脉传构——美丽老戴家巷、时尚新归属地

重庆市渝中区
戴家巷
文创街区

Chongqing Yuzhong
District, Dai
Jiangxiang Cultural
and creative block

**梳理街区肌理**
**引入美丽产业**

Shading System
遮阳系统
利用人进深窗的空间肌理，更好的隔绝阳光直接照射。

Recycle of Reclaimed Water & Rain
雨水回收和中水利用
合理安排雨水，其社合中水回收系统，冷灌方案，灌溉树木。

A Recessed Transitional Space
创造式的过渡空间

Supply of Cooling and electricity
冷电联供

**参展项目：云南省橄榄园院士工作站设计 / 重庆市巫溪大宁古镇盐场遗址景观改造**
**设计者 / 单位：四川美术学院建筑艺术系 黄耘 王平妤**

金沙江河谷石漠化地带适应性建筑探索
——橄榄园院士工作站设计

重庆市巫溪宁场废墟景观改造

巫溪宁场废墟景观改造
Transformation of the ruins of Wuxi Ning field

参展项目：广西平乐丽江小镇 F 地块建筑设计 / 重庆市黄桷垭旧城改造项目
设计者 / 单位：四川美术学院建筑艺术系　黄耘　王平妤

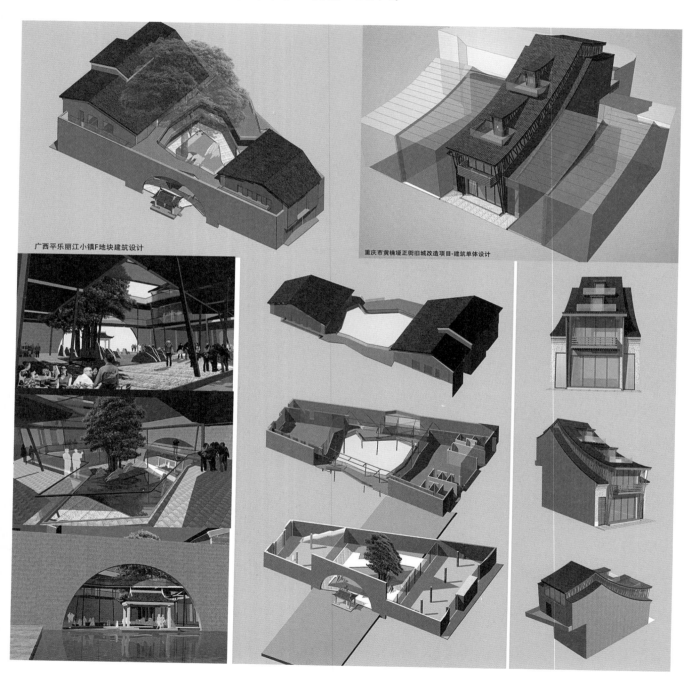

广西平乐丽江小镇F地块建筑设计

重庆市黄桷垭正街旧城改造项目-建筑单体设计

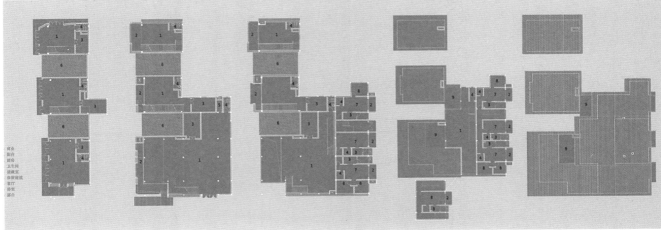

商业
阳台
厨房
卫生间
楼梯间
储藏室
客厅
卧室
露台

参展项目：重庆市慈云寺老街安达森洋行保护及修复方案
　　　　／重庆市黔江区濯水风雨廊桥二期延长方案设计
设计者／单位：四川美术学院建筑艺术系 黄耘 王平妤

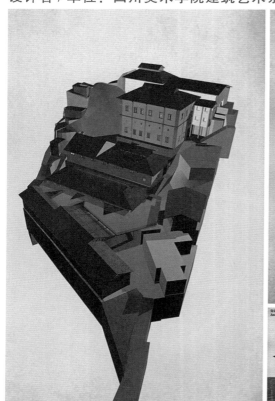

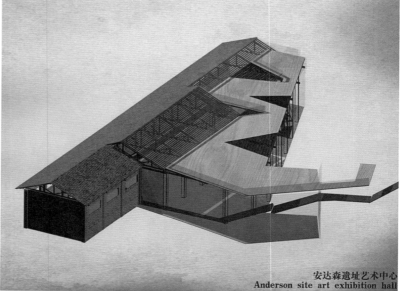

安达森遗址艺术中心
Anderson site art exhibition hall

安达森遗址艺术中心
Anderson site art exhibition hall

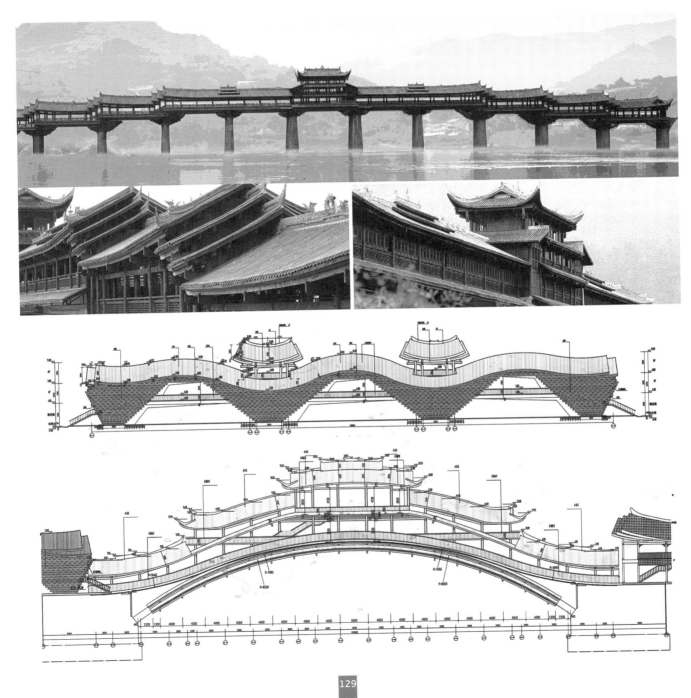

参展项目："设计桂山"2016 亚洲联合设计工作坊
设计者/单位：广州美术学院建筑艺术设计学院

总负责人：沈康
策展负责人：沈康、王铬、李致尧
项目参与人员：沈康、Christian Pédelahore、Cao Lanh Nguyen、Mayuri Shantilal Sisodia、季铁男、王铬、李致尧、李芃等

展览说明：

　　本次参展项目为"设计桂山"2016亚洲联合设计工作坊，设计的内容以珠海桂山岛为调研母体，以"亚洲岛屿城镇化"进程中的普遍现象为探讨范围，围绕公共空间的离岛策略、公共空间环境、生态技术应用、乡土建构、公共艺术、纪录片与实验影像等课题，展开相应的研究；主要特点体现在这是一个持续和系统的基于亚洲大城市城镇化发展问题的课题研究；这是一个"从建筑到艺术，从设计到建造"的项目实践；这是一个为来自不同国家的参与者，搭建分享认知和碰撞观点的平台。关于该项目的一些数据：1个基地、4个国家、4场学术论坛、7座城市、7个研究主题、8位学术顾问、9所高校、10日工作、11场讲座、12个专业、27名指导老师、98名学生。

# 归山归海复育组
## Revival Cultivate

桂山岛恢复性经济发展方案——复育组关注"恢复性经济"这个关键问题。同时，不做过多的设计决定，以留下当地人参与规划设计的空间。透过不断的沟通互动，逐步整合出五个桂山岛复育的途径，分别提出恢复性经济发展方案，踏以推进地方经济的复兴。

| 1 | 妈祖文化复育 | Mazu culture revival |
|---|---|---|
| 2 | 市场活力复育 | Market regeneration |
| 3 | 农耕体验复育 | Farming restoration |
| 4 | 长标巷街区复育 | Long trails preservation |
| 5 | 知识教育复育 | Educational facilitations |

指导老师
Advisors

李铁勇
谢璇
Rui Leao

小组成员
Team Members

匡敏
罗雪文
龚雨亮
Raj Lakhani
Sanskara Lalwani
Priyanka Wakchaure
Vinita Kuhikar
李翻
谢债
谢宵楼
陈奥男
黄晓杰
皮娟

# 公共空间组
## Public Space

公共空间，简单来说，是供人聚集内产生某种共同行为的场地。

桂山岛是一座孤岛，靠海为生的渔民世世代代守护着此岛。近年来随着越来越多的村民迁入、旅游产业的给合等原因逐渐改变了原来自由随意性的生活状态。岛上自然资源与人造的性空间处在一种对等而纠结的状态之中。因此，公共空间组尝试图来窥探于本岛特有的公共空间形态与公共空间活动策略。

本场分为三个向度展研究与调查：自然资源、人造物、人的行为，试图以这3种纬度来勾勒界定文本身勾结的的公共空间类型。

衣——自然资源覆盖着了对淡水的记录与发现，取得的淡水是每个孤岛赖以生存的必要元素，聚落也常常围绕淡水资源而得以建立，本场从山岛向山岛，分割找到了池、井、渠等不同阶段式的淡水设施，并对其展开进行空间设定。

褚——人造物看重记录了村落与自岛山的地纪念产了、端楼与步道、桂山村、桂岛村特桂山岛，家家户户通过跬街旁相连，作者且与山步道的特析之处使得脏毁公共生活产生之场以。

人之行为——记录身上当地居民的生活状况与营造生活空间、寻者寻找找在地的生活状态与之语应的空间纪行与连地，这些特目可以成为空间活化设计的起始点。

指导老师
Advisors

Mayuri Shantilal Sisodia
谢冠一
李瓦
陈晓阳

小组成员
Team Members

霍振声
谢伟杰
黄蓓
沈梦雯
温盈盈
杨靓
Prasad Amrutkar
Jash Veera
Miloni Doshi
冯予睿
熊芯苹
刘芳怜
王晓东

参展项目："设计桂山" 2016 亚洲联合设计工作坊
设计者 / 单位：广州美术学院建筑艺术设计学院

指导老师
Advisors
Christian Pedelahore Loddis
周剑云
王锴
何博文

小组成员
Team Members
冷平乔
万艺姝
刘盼盼
廖文涛
王珏双
Tuan Minh Dong
Thi Phuong Anh Xguyen
陆俊衡
蔚海涛
关雪莹
钟映航
查美英
黄晓盈
劳佩珊

## 离岛策略组
## Island Strategy

桂山岛是一个紧凑微观的，即独立又与整个外部区域紧密联系的典型离岛模型，我们对其展开几个系统网络的具体调研，离岛策略组的研究从选取最微观的一条当地特产"泥猛鱼"开始，通过追踪、观察、寻访等在地工作，发现了一张由海鲜的生产、存储、加工、交易、消费、回收、耗散的食物网络链。进一步地，在这条链条背后我们发现了海岛与外界联动的经济层面，物流层面、人的行为如层面、聚落空间形态晨晨等着于交织的网络关系，现状的网络系统承受着渔民村民需求与政府愿景的矛盾、旅游景点与军事设施的矛盾、市场供给与终端消费的矛盾、旅游发展与垃圾排放之间的矛盾，我们希望通过对海岛整体视觉属性的推广、对港口海岸区公共空间分期整改、对市场的改造与提升、对山上渔民村落的民宿组团改造、对海滨湾洋流垃圾的回收再利用设计等微观节点发展策略，促进离岛整体系统更为良性的运行发展。小贴示："HOI SAN"，渔家出海打鱼之音，又借开心之音。

## 乡土建构组
## Rural Tectonic

"建构"（tectonic）代表的是一种以材料和构造体现空间形式美的建造方式，这种笔无矫饰的态度和方法，被认为是对建筑本身的回归而得到建筑人的普遍推崇。建筑设计的关注点开始从"形式"转移到更本质的"建造"。国内各建筑院校相应一般以"建构"为名的热议大量兴起。建筑人开始热衷于钻研材料和结构。然而，这种对建筑"物质性"的投入，往往让我们忽视了最根本的问题。我们为何而建？建筑为何存在？答案很肯定，建筑产生空间，空间为人存在。人才是建筑的根本。没有人建筑没有存在的价值。

同对桂山岛的背景，建构的策略就是为准衡：批地取材，以人为本，以经济、环保的方式利用当地海与岛本身的资源，以当地人生活新的空间为依据去开拓我们的设计。前者是建筑的问题，后者还社会学同入类行为学。这些建筑活动与"非建筑"结合设计的原因，也是我们工作坊的最终目标。国逆，针对海岛人、社会与环境的现状，我们的初衷是通过建构空间去重塑建筑人与人之间的关系。小组成员从建筑-非建筑两个基点出发，通过采访与实地考察和整的方法，对桂山岛上几个主要建设时期的建筑物品材料与工艺的特点进行了艺术的叙述和记录，也以日常生活中点见利用废弃建材改造而成的各类种物件与空间利用方式进行了系统的梳理。总件以系列图形与真实感的图片，探讨意境建构起海岛上人与自然，人与环境，以及人与人之间健康的、可持续的有机生态关系。尝试重新界筑，建构最根本的，是建构人与人之间的关系。

指导老师
Advisors
李致尧
Viet Dung Dang
包辰
姬舟

小组成员
Team Members
姚宪
欧慧君
万艺姝
许铠
孔唯
潘博雯
王宇
邓鸿涛
Manh Khoi Hoang
Thi Huong Doanv
颜高峰
陈楚宇
陈思

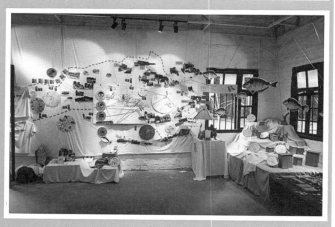

## 公共艺术组
### Public Arts

1990年代始，模糊边界的艺术概念已经兴起，尼古拉斯·博瑞奥德（Nicolas Bourriaud）将当下称为"群众演员社会"（the society of extras），提出了参与式艺术概念。现众的参与不再是抽象性的思考与纯粹视觉的介入，而是身体的直接参与。桂山工作坊公共艺术组正是以此为基础，用艺术的方式让自己与桂山建立了一种新的关系。艺术在此是一种偶然相遇的状态，以一种动态凝聚的方式让桂山若干日常生活的点滴细节成为作品线索中的一个节点。

指导老师<br>
Advisors

金生花<br>
杨义飞<br>
喻旭东

小组成员<br>
Team Members

汤君华<br>
张艺影<br>
吴海姝<br>
何曦<br>
田林涛<br>
何棠东<br>
邱健敏<br>
吴泽宇<br>
苏敏仪<br>
朱智宇<br>
阮丽敏<br>
郭必考<br>
陈丽娜

## 可持续发展与生态技术应用组
### Sustainable & Eco-technology

文化旅游对桂山岛的经济和社会发展有着不可替代的激活作用，然而盲目脚胀式发展不仅对岛内自然承载能力构成威胁，也对社会结构平衡带来巨大挑战。可持续组以四个不同的学生小组，分别从能源可再生、旧物可循环利用，以及旅游的主与客的双重关注开展岛内调研与采访，构思多种可能的可持续策略。把资源利用和文化旅游做一种创造性的重组，意图发掘一条适合海岛发展的特有的可持续路径。

指导老师<br>
Advisors

Cao Lanh Nguyen<br>
陈锦堂<br>
鲁鸿宾<br>
任沛<br>
何夏昀

小组成员<br>
Team Members

张珺涵<br>
苏敏玲<br>
邝杨喜<br>
Tien Binh Luu<br>
Ngoc Huyen Duong<br>
Van Manh Duong<br>
李菀靖<br>
甘浩天<br>
周逸峰<br>
周旭插<br>
郭欣<br>
傅淳羽<br>
宋博涵

参展项目："设计桂山" 2016 亚洲联合设计工作坊
设计者/单位：广州美术学院建筑艺术设计学院

## 实验影像与纪录片组
### Experimental & Documentary Film

**《纸质作品》**
作品是基于桂山岛的生活状态在地理上的分布来体现桂山岛的慢与快 纸地图直观体现桂山岛的地形特点 悬挂在地图上方的翻纸动画体现该地形中的生活节奏的快慢 通过两个盒子中不同的气味体现嗅觉方面的慢与快

**《咸鱼滋味》**
三条淡水鱼游客无意中被一碗云吞面改变他们平乏无味的海岛旅游，也通过一碗面让他们真正地品尝到这个岛真正的味道。

**《在海岛》**
渔民以渔业为生，我们通过其中一位当地卖咸鱼的阿姨，用简单的镜头去了解和关注他们的生活

**《凡·珠》**
憧憬往往和现实有差距，但是你可以在平淡的现实中发现美好

**《呼吸间》**
纪录片
通过采访各位老师，拍摄各位同学，真实的纪录工作坊的工作内容和海岛的情况。

## 各组老师简介
### Brief of Advisors

**离岛策略组**
**Island Strategy**

**公共空间组**
**Public Space**

**归山归海复育组**
**Cultivate Revival**

**可持续发展**
**与生态技术应用组**
**Sustainable & Eco-technology**

**乡土建构组**
**Rural Tectonic**

**公共艺术组**
**Public Arts Group**

**实验影像与纪录片组**
**Experimental & Documentary Film**

# 工作坊简介
## Brief of Workshop

这是自2010年以来，广州美术学院联合亚洲地区高校建筑学院和当地政府主办的第六次国际工作坊。这次工作坊的调研地点，为中国珠江入海口的桂山岛；工作坊的工作时间，为5月16日到24日。工作坊的特色，体现在持续和系统的课题研究；体现在"从建筑到艺术，从设计到建造"的项目实践；体现在为来自不同国家的参与者，搭建分享以和砥砺观点的平台。

当下，有关亚洲城市规划与建筑设计的课题，虽已受到学术界的极大关注和较深入研究，但却较少涉及离岛或群岛的课题。在城市化进程迅猛发展的今天，虽已对离岛及群岛实施治理并不断升级，但规划理念及方式仍因循守旧，致使岛屿自身的文化气质、生活方式以及地域特色得不到有效保护和呈现。曾经或正在拆大建的岛屿，既难寻历史的来踪，更难看到未来的出路。

本次工作坊将以珠海桂山岛为调研母体，以"亚洲岛屿城镇化"进程中的普遍现象为探讨范围，围绕公共空间的艺术介入策略、空间环境、生态技术应用、乡土建构、视觉形象等课题，展开相应的研究。工作坊不只是在图纸上画图，而是深入实地作足尺试验：通过与当地人、事、物、景、之间的互动，提取解决问题的多层面多角度的方法。工作坊的最终成果以汇报和展示方式呈现。分别在海岛、学院以及城市展览馆中进行展览与讨论。

为此，继孟买与可坡拉（2010）、广州员村（2012）、孟买班德拉（2012）、重庆下半城（2013）、广州石牌村（2014）之后，我们将再次借助合办工作坊，来分享彼此的观点，同时也为中国珠海的海岛发展至下有益且鲜活的印记。

This is the sixth Asian networking design workshop since 2010, organized by the School of Architecture & Applied Arts, Guangzhou Academy of Fine Arts, in association with architectural schools from other Asian regions and Local Goverment. The workshop will be held from 16th May to 22nd, which locates in the Gui Shan Island of Pearl River Estuary in China. The Workshop bases on the sustained and systematic research, reflects the idea of "Architecture to Art, Design to Construction"; builds a platform to share cognition and collision point of view of the participants from different countries.

In recent years, academics circles have paid a lot of attention on the topic of city planning and architectural design in Asian cities, rather than the Asian islands which locates in the boundary of cities, facing on another "urbanization" being defined. In the process of urbanization, most of the islands and archipelagoes still fellow the obsolete methods of city planning and urban design, which ignores the culture identity, living style of the island itself. Island becomes an isolated place which is difficult to be defined its own roles in the future.

Based on this background, this workshop pay attention on the Gui Shan Island near Zhu Hai as a typical one, and open a wide discussion on the following topics, Intervention Strategy, Public Environment, Eco-technology Application, Rural Construction and Space Visual Image Research.This workshop aims to carry out a full-scale experiment outdoor on the site, rather than keep drawing indoor. Such an experiment can guide the designer to interact with local residents in the local environment, and their ideas should be inspired through all kinds of interaction and mutual interaction. A better solution could be revealed and discussed in the academic way.The final achievement will be hold an open presentation and exhibition in different places, including the galleries of Gui Shan Island and GAFA , as well as the local City Exhibition Hall.

We were once again share our opinon by cooperation through the workshop after Mumbai and Kolhapur(2010), Yuancun village in Guangzhou(2012), Bombay(2012),Under half part of home city cultural bridge(2013) and Shipai village in Guangzhou(2014), p also create new memories for island's development.

主办单位 | 承办单位 | 桂山镇政府 | 承办单位

合作院校 | KRVIA | paris la villette

# 工作坊基地介绍
## Introduction of Site

**地理位置**

桂山岛是以特色旅游、海洋渔业等为主要功能的珠江口门户岛。西距澳门、香港17海里，北距香港大屿山约3海里。

| 面积 | 岸线长度 | 人口 |
|---|---|---|
| 7-8平方公里 | 9.87km | 常住人口2100多人；流动人口近6000多人 |

**Geographical position**

Guishan Island is the main gateway of Pearl Riestuary. It is characterized by tourism, marine fisheries, as the main economic source ., Guishan island west to Macao and Zhuhai has17 nautical miles away, and north to Hongkong island is only 3 nautical miles far.

| Area | The length of coastline |
|---|---|
| 7 to 8 square kilometers | 9.87km |

**Population**

Resident population of more than 2100 people; mobile population of nearly 6000 people

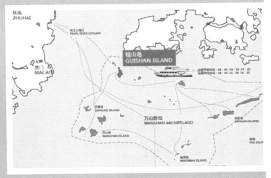

设计 桂山
DESIGN GUISHAN
2016 Asian Networking Design Workshop
2016亚洲联合设计工作坊

**参展项目：渝中区长滨路滨水空间综合提升规划设计**
**设计者／单位：重庆浩丰规划设计集团股份有限公司**

魅力长滨，世界水岸
THE CHARMING YANGTZE WATERFRONT, THE WORLD BANK

渝中区长滨路滨水空间综合提升方案设计
WATERFRONT COMPREHENSIVE UPGRADING SCHEMATIC DESIGN OF CHANGBIN ROAD, YUZHONG DISTRICT

总体鸟瞰/OVERALL PERSPECTIVE

滨江活力新水岸，城市休闲新产品，魅力城市新载体！
VIGOUROUS RIVERSIDE AND NEW WATER FRONT, NEW SERVICES FOR CITY LEISURE TIME,
NEW CARRIER FOR MAGIC CITY

林荫大道/BOULEVARD

绿色生态屋顶/GREEN ECOLOGICAL ROOF

## 背景 THE BACKGROUND:

长滨路，记录着母城文化的起源与现代城市的发展，展现着山城与江城的特色与生机，领略着码头的繁华、市井的喧嚣。由于城市的发展，长滨路已失去往日的风采，快速交通割断了城市腹地与滨江的联系；空间资源没有充分的利用；产业形态老旧，分布零散、体验不足；整个滨江岸线的纵向各层级景观落后、文化缺失。导致滨江景观日益变成现代都市的失落空间，急需提升。

线型长江水岸
LINEAR WATERFRONT OF YANGTZE RIVER

多元融合
MULTI FUSION

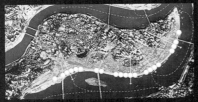

## 基地 THE BASE:

景观设计范围东起朝天门广场交界处，西至珊瑚坝公园的滨江沿线，全长5.4公里。基地划分为三大板块，分别是以菜园坝为核心的旅游集散区、以下半城及长滨路为主的历史文化休闲区和以朝天门为中心的旅游商业区。

## 概念 THE CONCEPT:

以纤绳为灵感，让滨江空间形成一个绿色纽带，"链接"城与水的距离，形成和谐共融的滨水空间；"串联"文化活动与景观空间，形成连续的城市滨水长廊；"带动"城市复兴与母城发展，形成完整的滨江休闲文化产业带。纤绳更象征着一种联系，人与水、水与岸、岸与城，城水交融，使滨江空间在延续传统记忆的同时，亦能承载母城文化与现代滨水文化的碰撞，实现"魅力长滨，世界水岸"的目标定位。

浩丰规划设计集团 景观规划设计院
HAOFENG PLANNING AND DESIGN GROUP
LANDSCAPE PLANNING AND DESIGN INSTITUTE

THE CONCEPT:
The design is inspired by the towrope, which forms a green tie along the riverside space. It links the city and water, forms a harmonious waterfront space. It connects cultural activities and landscape space, forms a continuous urban waterfront promenade. It drives urban renaissance with the mother city development, forms a complete riverside leisure culture industry zone. Towrope is a symbol of link, the human and the water, the water and the bank, the bank and the city. The city blended with water makes riverside space continues the traditional memory and also carries the collision of mother city culture and modern waterfront culture. Finally, "the Charming Yangtze waterfront", the World Bank" target positioning is to be achieved.

重庆茶馆 CHONGQING TEAHOUSE

THE BACKGROUND:
Changbin road records the origin of the mother city culture and modern city development, shows the characteristics and vitality of mountain and river city, experiences the hustle and bustle of the dock. Due to the development of the city, Changbin road has lost its elegance of the past. Rapid transit severs the ties of urban hinterland and riverside, space resources are not fully utilized, old industrial is too scattered to be experienced. Landscape along the coastline is old and lack of culture on each level. Waterfront landscape is becoming the lost space of modern city, which is in urgent need of improvement.

参展项目：武当山太极功夫小镇项目设计
设计者/单位：重庆浩丰规划设计集团股份有限公司

名山尋仙踪　小镇享江湖

Find the Legend of Taoist Mountain
Enjoy the Lake of the Kongfu Town

WUDANG
MOUNTAINS

武当山

TAI CHI KUNG FU TOWN
太极功夫小镇

Wudang Mountains is located in Shiyan City, Hubei Province. It is China's famous Taoist holy land, the birthplace of Tai Chi, the national key scenic spots, the world's cultural heritage and the national key cultural relics protection units. Wudang martial arts and Wudang Taoist music were included in the national intangible cultural heritage.

Wudang Kung Fu Tai Chi Town is located in the core area of Wudang Mountain scenic area, 30 minutes by car from Jinding, the core attractions on Mount Wudang, about 15 minutes from the Danjiangkou reservoir. In order to improve the tourism scenic resources supporting function, we take advantage of Mount Wudang's humanities and landscape, in accordance with the Taoist "imitation of nature" thought, combined the law of Tai Chi constructs the overall layout as "one center, two axes, two corridors and four groups". The space structure formed by three lane, six courts and nine towers beard tourism related supporting industries like food, accommodation, shopping and entertainment and other activities. Meanwhile, the use of a large number of local traditional architectural elements restores the Wudang culture, and Kong Fu culture to create great Tourism supporting products of Mount Wudang. The project will become a cultural symbol with world-class influence comparable with Chinese Taoist culture and mountain culture.

—— HFDG-ADI

武当山位于湖北省十堰市境内，是我国著名的道教圣地、太极拳的发祥地、国家重点風景名勝区，世界文化遺產，国家重点文物保護單位。武当武术、武当宫觀道樂被列入国家非物質文化遺。

武当太极功夫小鎮項目位于武当山景区核心区域距武当山核心景点金頂車程約30分鐘，离丹江口水庫車程約15分鐘。爲完善其景区旅游配套的功能，借勢大武当山、大人文、大山水的絕佳資源，遵照道教"道法自然"的思想，結合太極生象的法則构建了本項目"一心、兩軸、兩廊、四組團"總體布局，并以三巷、六院、九閣的古街市空間結构承載了与旅游配套産業相関的食、宿、購、娛等業態，同時大量运用当地傳統建筑元素還原了武当文化、太極功夫文化打造了大武当旅游配套的精品項目，将本項目建設成爲与中国道教文化、中国名山文化相媲美的具有世界級影响力的文化符号。

—— 浩丰規划設計集團·建筑設計院

参展项目："予取予用"——广延路246号A栋、B栋改造
设计者/单位：上海大学美术学院　王海松

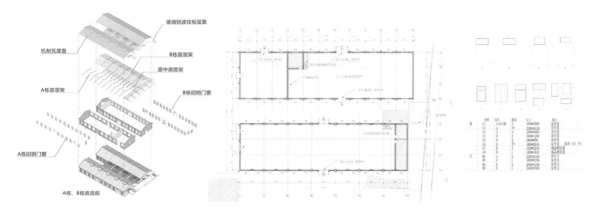

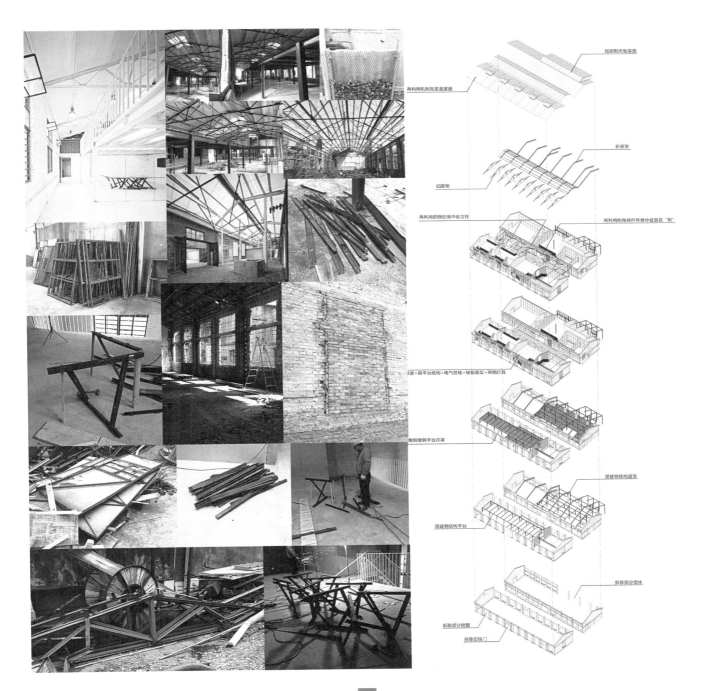

**参展项目：上海大学延长校区西部校办工厂改造纪实——"延长计划"之 Note 1**
**设计者 / 单位：上海大学美术学院　王海松**

**参展项目：武隆仙女山生态农业园区 /C 城广告产业园（重庆）**
**设计者 / 单位：纬图景观设计有限公司**

## Wulong fairy mountain Ecological Agriculture Park
## 武隆仙女山生态农业园区

项目位于重庆武隆仙女山风景区，用地内有大小两个天坑。在此项目中，对乡土文化的萃取与传承，并以自然之法滋养水土，成为设计师们关注的重点。

The project is located in Chongqing Wulong Fairy Mountain, the size of the land including two sinkholes.In this project, the extraction of the local culture and heritage, and nourish soil and water through natural ways, become the focus of attention of designers.

**The Sponge City of Yuelai Chongqing**
**重庆悦来新城会展公园项目**

重庆海绵城市试点项目。我们以科学的方法解决城市雨洪问题，令流域内的雨水在此缓流、吸纳、净化、存储、利用。
The polit projects in creating Sponge City in Chongqing.We choose the scientific method to solve the problem of urban rainwater, so that rainwater can be slowed flow, absorbed, purified, storaged and utilized.

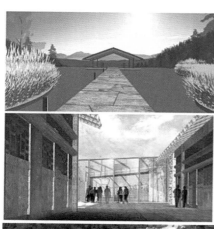

**景观与自然**

时间滋养未来：

风雨、等待时间的流逝、青苔、显漏报、繁茂的大地......
我们设计了现在，却将无限可能给未来。
激发，才业于此处续前，更是倒的时间线
心在其中，自然兼容。

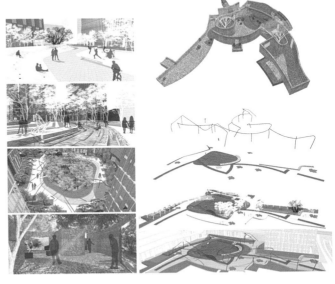

## C-City Advertisement Industrial Park (Chongqing)
## C城广告产业园（重庆）

重庆C城广告产业园定位为具备文化引领性的多产业复合型商务综合体；具有复合型、文化型、生态型、创新型等特点的商务创意园区。整个创意园区的设计思路以蒙德里安的作品"树"来展开，以树形作为铺地肌理来有机串联整个园区的建筑与"一中心，双大道，三环路，四组团"的景观空间，将艺术理念融入景观设计，使硬质景观的设计变得灵动而富有生气，给予客户新颖的视觉冲击和心灵体验。

Chongqing C-City Advertisement Industrial Park is positioned at a culture-leading and multi-industrial compound business complex, which features compound mode, culture, ecology, innovation, etc.

The whole industrial park design themes Mondrian's work named tree, using tree figure to organically connect the architectures in the park and the landscape space which includes one center, two avenues, three ring roads and four groups. The design integrates art concept with landscape, which makes the hardscape more flexible and vigorous, and brings clients visual and spiritual shock.

参展项目：中航·云会所 / 龙吟山房（南京）
设计者 / 单位：纬图景观设计有限公司

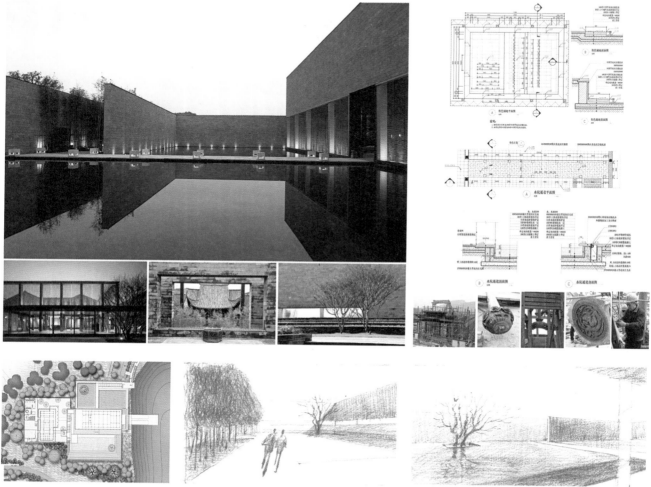

## Avic • Cloud Club

## 中航·云会所

　　云会所不同于任何一个传统的景观项目，建筑商从安徽完整迁移两个传统徽派院落，一砖一瓦全部仔细复原，并与新现代的建筑融合。景观的考量在既定的尺度之外，应当充分尊重景观与建筑，与土地，与情感与心灵的关系。在我们的内心世界里，有时一个质朴无华的空间比一座富丽殿堂更能成为心灵的归依之处。三个主题庭院，水院、草院与树院自成一体系，又相互交融。让景观在时光的雕刻中，呈现新的可能，让原不凝定的空间变得气韵流动，流转不息。景观不过寥寥笔触，草木云水，竹露荷风，循着一木一石的肌理，贴切应和徽派建筑，融入至简至繁的场域。在疏密之间，在虚实之间，在有无之间，在历史与现代之间，在大度与精致之间，在静寂的灰墙与热烈的花树之间，完成文化与心灵的交流。造景，亦观心；以风韵，显风骨，身临其境，心游物外。

　　Cloud Club is different from any of the traditional landscape projects. The builder completely copies two Hui-style courtyards, carefully recovers all the details and combines them to the new modern architectures. The landscape consideration is beyond fixed scale, and should totally respect the relationships between landscape and architecture, lands, emotions and minds. In our inner world, sometimes a simple space is more reliable than a wealthy palace. Three courtyards have different themes—water, grass and tree. Each courtyard has its own system, but connects with each other. With time pass by, the landscape will show new possibility and the fixed space will be infused with new energy. The landscape is very simple. All the grasses, trees, clouds, waters, bamboos, dews, lotuses and winds follow the nature texture, echo with the Hui-style architectures and merge into the simplest or the most complex places. The communication between culture and mind is completed between spacing and density, falseness and truth, existence and non-existence, history and modern, grandness and delicacy, silent gray wall and passionate flower tree. To create a landscape is to observe mind. The strength character of the landscape is reflected in its charm, letting one be personally on the scene while his mind is out of the scene.

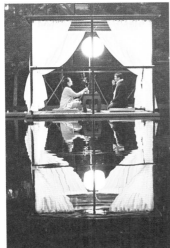

# LONG YIN SHAN FANG (Nanjing)

## 龙吟山房（南京）

用真实的一面让人心静下来。对于整个龙吟山房来说，它的生长与周边的一切是相互融合的，和外界相连的石头小路，就像神话故事里的一笔渲江，它将红尘之外和红尘之内连接起来。山房主人说："红楼梦里说的槛外人和槛内人，跨过了这道槛，进来喝杯茶，心性就会静下来。"

在龙吟山房的日子，人们更多的时间是一种禅定。无事闲饮茶几杯，有事弹琴歌一曲，从春流到东京，秋流到夏，山房与每一个繁华都市的过客来说，不过是一处静心之地，闲居之处。

Infront of Long Yin Shan Fang, your heart calming down with your trueself.

For Long Yin itself, staying in harmony with nature, its simple stone path,connects outsideworld with your insideheart.Shan Fang owner said, "Dream of Red Mansions said threshold outsiders and insiders threshold, crossed the threshold of this road, come in a cup of tea, Mind will calm down."

Living in Long Yin Shan Fang,people fully experiece the Zen sprite.Nothing busy drinking wine, something playing a song, from the East to make the spring flow, summer and autumn flows, For each passanger comes from the city, it is just a place for meditation, homebound place.

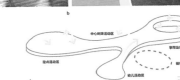

# DONGYUAN D7
# KID'S DREAMLAND

## 东原D7·童梦童享

**Site and Background**

Kid's Dreamland project is located in Dongyuan Estate Company's D7 community in Jiangbei District, Chongqing. We hope to plan and design an activity space for kids by analyzing their situation and physical and psychological features.

"Imaginative Play" Brainstorming

The creative design process starts from recalling our childhood. In discussion, young designers put out their childhood games while the elders provide their experience from the point of parents, both aiming at finding out the essence of the kid's space in community. At the same time, we ask kids for advice on their ideas for the best play place. Through these discussion and investigation, we get the knowledge that kids intend to explore, adventure, imagine and stay together of course they want a funny space. We'll put these factors in our design.

Track and Butterfly

The 200m annular track is entirely paved by plastics and set up different kinds of games, such as standing long jump, hopscotch, beanbag game, straight line running, number understanding, outdoors flight chess, zebra crossing traffic simulation, etc., creating a variety of game scene experiences. The annular track surrounds four different activity zones, between which there sets safe buffer zones to avoid unnecessary dangers when kids are playing. The annular track also well links these four activity spaces.

The four activity zones and two centers form an interesting butterfly pattern. Each space has its own style which is interactive and participatory. Kids must join in the activities to slide, climb, run, swing, create, discover, explore, study and so on. "Butterfly Center" can be taken as a place to assemble, to play freely and to hold games and activities flexibly. "Parent Communication Center" offers a place for adults, teenagers and kids to watching other kids play and communicate with each other.

"Infant Activity Zone" is mainly for 0-3 years old babies. It provides an opportunity for them to crawl, learn to walk, swing, sit in rocking chair and play with sands. Facilities with different forms make them experience this world by touch, vision and hearing.

"Sand Pit and Slide Climb Zone" is mainly for 3-6 years old kids, giving them a chance to have sensual experience, free activity, creation, cooperation, social activity and friendly competition. The zone is naturally surrounded by a special-shape object, and takes a large-scale sand pit as its feature. It's consisted of many slides and various climbing facilities, making all kinds of challenges for kids. In addition, the big slides can gather kids together to communicate.

"童梦童享"实施的场地面积约9000平方米，场地布局被上面划了不同种类的游乐。

参展项目：黔西南雨补鲁村传统村落保护实践
设计者 / 单位：中央美术学院建筑学院 吕品晶

# 前言

　　在我国悠久的历史文化遗产中，传统村落可以说是中国传统文化与自然遗产的"活化石"，古老的村落形态不仅镌刻着几千年农耕文化发展的历史印记，还蕴涵着丰富的古代哲学思想，是认识和传承中华文明的根基，具有着珍贵的历史价值。但是，飞速发展的工业文明不断地冲击着传统农业的生产和生活方式，城市化的快速进程使众多的传统村落正在慢慢衰败，导致村民的生活环境恶化，生活水平降低，从而又进一步的阻碍了传统村落的发展，形成了一种恶性循环。

　　传统村落的保护工作需要进一步的系统化和科学化，需要相应的理论建设和支持，也需要全民共识和各界的支持。未来几十年，中国城镇化仍然会保持快速发展。在这样的特殊历史时期，摸清传统村落的保护策略与乡建模式，从村落独特的价值特色出发，对村落坚持合理性开发建设和永续利用是未来传统村落保护和发展的必经之路。

　　中央美术学院吕品晶工作室以从村落实际出发，建筑师深入考察现场指导；针对雨补鲁村深入挖掘其传统村落特色，突出文脉，对传统建造技艺大力推广，对传统产业推行活态传承，实现优秀传统文化的复兴；提倡政府协助管理，村民自治，整个乡建过程中，政府、村民和建筑师一起，从建立乡村社会的制度框架、治理体系、监督和评估机制入手，在实践中不断总结和完善，才能形成可以在广大乡建中可以复制实施的制度和治理体系。

微软雅黑（BOLD）80pt

改造后整体风貌

14.5cm

参展项目：黔西南雨补鲁村传统村落保护实践
设计者／单位：中央美术学院建筑学院 吕品晶

## 改造前环境条件

公共空间缺乏

风貌不一

场地杂乱

雨补鲁村地处喇叭花形自然天坑，底部平坦，高差 600 多米。地质学角度看是一个发育非常成熟天坑，是典型的喀斯特负地形，半山腰有 1 处较大的泉眼，满足全寨人畜饮水，灌溉坑内 300 余亩良田，生产生活污水通过坑底 3 处地漏排走，整个村寨布局整齐、依山傍水，进寨只有唯一的一条道路。

年久失修

## 改造后空间节点

村落局部

寨门

望乡台

街道与巷路

古树广场

民居修复

**参展项目：传统建筑与信息时代的对话**
**设计者/单位：中机中联建筑院创作研发中心**

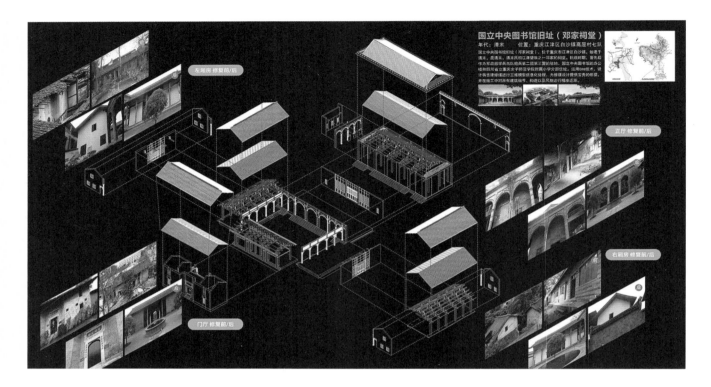

**参展项目：传统建筑与信息时代的对话**
**设计者 / 单位：中机中联建筑院创作研发中心**

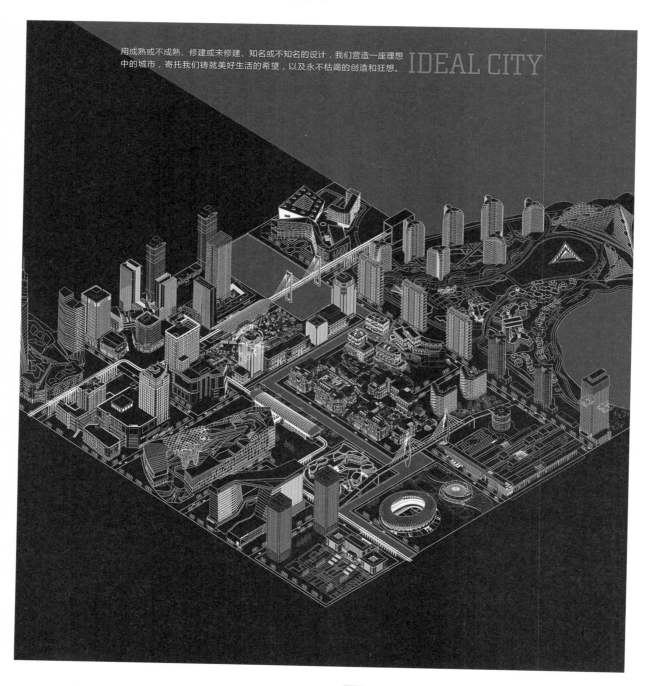

用成熟或不成熟、修建或未修建、知名或不知名的设计，我们营造一座理想中的城市，寄托我们铸就美好生活的希望，以及永不枯竭的创造和狂想。 IDEAL CITY

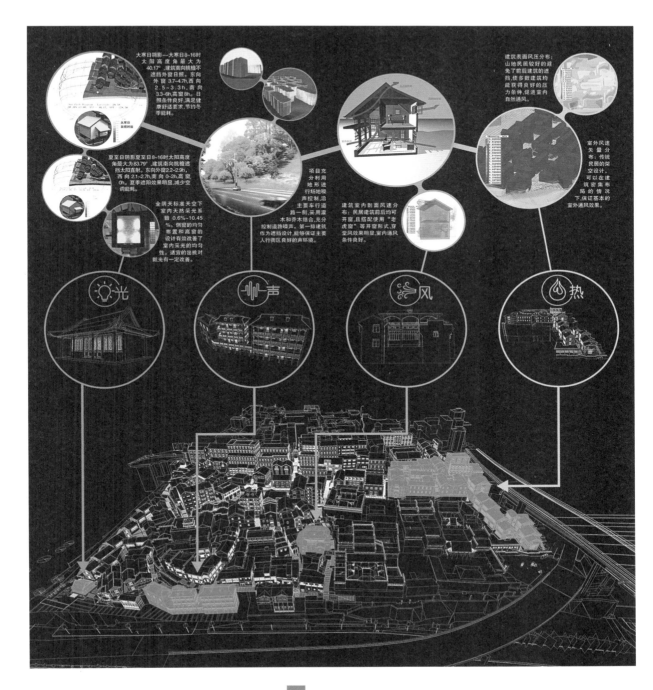

**参展项目：传统建筑与信息时代的对话**
**设计者/单位：中机中联建筑院创作研发中心**

**因地制宜建造**

重庆本地以丘陵、山地居多，传统民居能化不利为有利，顺应山形地势而建，减少土石方，减少人力。民居的单体，都是利用当地的自然条件，因地制宜布置。

**室内气候营造**

建筑注重通风、采光及改造室内小气候，房屋门窗采用镂空对开设计，形成穿堂风，小天井加强自然通风，院内植树成荫，调节室内气候。

**本地材料利用:石木结构**

根据本地材料的适用性和经济性，巴蜀民居发展了丰富的地方建筑材料，科学利用竹、木、土砂、石等地方材料，因材设计，就料施工。

**传统建筑的可持续设计特点**

**室外风热环境:冷巷设计**

冷巷是传统建筑的精髓，其在建筑设计中具有组织自然通风的功能。冷巷截面面积较小，经过这里时风速会增大，风压会降低，与冷巷接通的各房间较热的空气就会被带出，较冷空气就会进入补充，从而达到通风效果。

**室外气候营造**

巴蜀民居基地多依山傍水，负阴抱阳。建筑材料多取自当地，石为墙，木为构件，青屋为盖。结合地形，结合架空设计，建筑前塘后山，前低后高，排水便利。后高，倚山植林，可挡冬天寒风，又可养水护土。

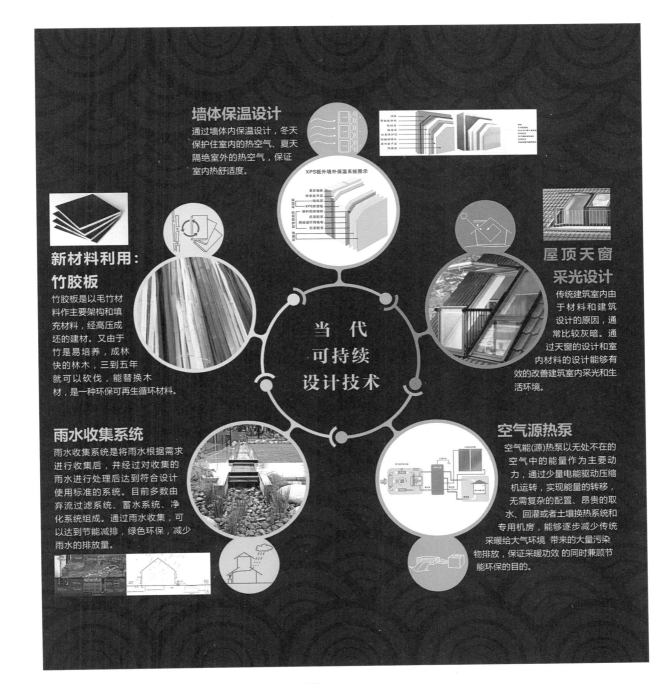

**墙体保温设计**

通过墙体内保温设计，冬天保护住室内的热空气、夏天隔绝室外的热空气，保证室内热舒适度。

XPS板外墙外保温系统图示

**屋顶天窗采光设计**

传统建筑室内由于材料和建筑设计的原因，通常比较灰暗。通过天窗的设计和室内材料的设计能够有效的改善建筑室内采光和生活环境。

**新材料利用：竹胶板**

竹胶板是以毛竹材料作主要架构和填充材料，经高压成坯的建材。又由于竹是易培养，成林快的林木，三到五年就可以砍伐，能替换木材，是一种环保可再生循环材料。

**当代可持续设计技术**

**空气源热泵**

空气能(源)热泵以无处不在的空气中的能量作为主要动力，通过少量电能驱动压缩机运转，实现能量的转移，无需复杂的配置、昂贵的取水、回灌或者土壤换热系统和专用机房，能够逐步减少传统采暖给大气环境 带来的大量污染物排放，保证采暖功效 的同时兼顾节能环保的目的。

**雨水收集系统**

雨水收集系统是将雨水根据需求进行收集后，并经过对收集的雨水进行处理后达到符合设计使用标准的系统。目前多数由弃流过滤系统、蓄水系统、净化系统组成。通过雨水收集，可以达到节能减排、绿色环保，减少雨水的排放量。

# ■ 代后记 ■

**附录1：异域同构——中意（重庆）新型城镇化建设发展国际论坛开幕致辞**

**1. 意大利驻重庆领事馆总领事马非同致辞：**

尊敬的各位来宾，大家早上好！

我谨代表意大利驻重庆总领事馆，向参与组织本次第三届中意城镇化合作论坛的各界同仁表达诚挚的赞赏和谢意，尤其是四川美术学院和重庆市城乡建设委员会，在意大利代表团来访期间为我们提供了很大帮助，对此我深表感激。

同时，我想感谢积极参与本次论坛的意大利同仁。他们怀着展现本国在城镇化这一领域的竞争优势和亮点的目的同意出席论坛。

我也热烈欢迎由萨基先生领衔的意大利国家建筑协会。意大利国家建筑协会是意大利建筑界首屈一指的协会，它的出席表明意大利在与重庆这个充满生机活力的城市加强双边合作纽带给予的充分关注。重庆在建筑、设计和城市规划等方面展现了多种商业机遇，选择重庆绝对是正确的。我也希望意大利友人知道，重庆已经连续多年成为中国发展最快的城市之一。

今天的论坛在第七届重庆国际城市建设和低碳排放展览会框架下进行，也将见证总领事馆和当地城乡发展委员会一项重要合作协议的签约。该协议不仅提供一份未来政府合作的制度规划，还将部分条款列入其中，旨在扶植意大利和重庆企业间（包括商业代表团互访、年会和中意城镇化合作中心的建立）的合作。这些都表明去年在重庆召开的上一届论坛设立的首要任务取得了重大进步。

我也相信，四川美术学院作为中国建筑教育重要的院校之一（每年向全国大型机构和当地企业输送建筑设计毕业生），在重庆和意大利的各种合作方面中扮演很重要的角色。

众所周知，意大利拥有世界上最有价值的建筑和设计作品，有些建筑可以追溯到罗马帝国和文艺复兴时期，当时的建筑、艺术、设计、创意和发明是世界上最高层次的展现和结合。

其实，让意大利闻名于世的，并不仅是历史遗迹，而是将科技与传统、设计和性能结合一体的体验和技巧，以及对以人类为根基、提高生活质量的特别关照。换句话说，意大利的建筑在科技和自然平衡的前提下，将所有保证和谐环境的因素考虑在内。宏观层面的城市规划和微观层面的内部设计和家具生产，以及最近中国城镇化进程最热的几个话题：智能家居和低碳排放技术的先进系统，都展现了它的优势。

在这一领域，我们的工业体系主要依托中小型企业，面对中国竞争激烈的城市化产业的新挑战，我们将与中国合作，期望为现有或新出现的项目提高价值。实际上，中意两国早已将城镇化作为双方合作的五大议题之一，是我们两国的总理马泰奥·伦齐和李克强努力促成的双边关系加强的表现，也与意大利驻北京大使馆开展的推广活动一致。

怀着为两国带来切实的商业机遇的目的，我在此为今年提出新的目标：

（1）确定一片区域作为第一个试点工程，在意大利和重庆城镇化领域部署实施。区域的名字和模式可在意大利和中国两国总理的见证下签署的合作协议中提出。在这一区域内，意大利和中国公司合作的项目是带有中国特色的意大利经济可持续模式。这一形式有可能成为最佳范例，供其他省市复制移植。试点工程的重点应该是创新城镇化发展，意大利公司在绿色建筑、智能城市和城市移动网络领域也将积极参与。

（2）通过协调四川美术学院的年轻设计师和教授以及当地公司的专业人士的参与，在意大利国家建筑协会的帮助下，在意大利组织新一期论坛。借此机会可造访一些意大利家具生产商、设计工作室和其他相关工业组织。

（3）为重庆中意城镇化年度论坛设立永久委员会，让所有利益相关者及意欲加入的人士参与进来。

（4）调研重庆建筑，检验是否需要意大利建筑师进行城市历史遗迹修复和保护工作。

（5）协调当地投资者代表团探索意大利的投资机遇，因为这是重庆市政府倡导的走出去政策的一部分。除了住房和商业领域，意大利在基础设施建设方面有更优越的环境和投资条件。意大利的基础设施建设与中国国家主席习近平提出的"一带一路"战略相关联，因此意大利在该战略中起着至关重要的作用。

再次，我很荣幸能够邀请到从事城市规划、建筑业和设计行业等意大利公司的精英人才代表，他们与观众进行了初步但有建设性的沟通和交流。为此，我想对四川美术学院再次表达我的谢意，感谢他们的协调和配合。

欢迎出席本次论坛的意大利公司，它们中的有些已经在中国（北京、上海和成都）设立了公司；也欢迎参与论坛的中国院校和公司，希望它们在城镇化过程中进行更多切实和富有成效的合作。

感谢您的倾听！

## 2. 四川美术学院党委书记黄政致辞

各位领导、各位来宾，老师们、同学们：

作为第七届中国（重庆）国际绿色低碳城市建设与建设成果博览会重要专题活动，"异域同构——中意新型城镇化建设"国际化论坛和相应的作品邀请展，由重庆市城乡建委、意大利驻重庆领事馆和四川美术学院共同主办，四川美术学院建筑艺术系承办。论坛今天上午已经开始，作品展即将拉开帷幕；今天晚上，还将在我院独具特色的农家院子举行"景观艺术之夜"沙龙学术活动。现在，我谨代表四川美术学院全体师生，向论坛的举办和展览的开幕表示热烈祝贺！

此时此刻，规模盛大、影响广泛的 2016 "开放的六月——四川美术学院毕业作品展"正在展出，我们把"异域同构——中意新型城镇化建设作品邀请展"也安排在漂亮的四川美术学院美术馆进行，呈现出"展中之展"景象。本次展览以16个盒子形式展出，共有16家设计团队参与了作品邀请展，其中意大利7个，国内9个。"展中之展"颇具启示意义，不仅暗喻了川美建筑语言与当代艺术创作背景之间的关系，也赋予了此次邀请展的表达符号——"盒子"作为当代艺术装置的常见形态以更加有趣的现场感。

今天这种学术研讨的模式也值得充分肯定。展览与论坛相得益彰，理论与实际紧密结合，在应用性科学研究中具有很强的范式意义，不仅有利于直观的展示、交流，更有利于理论研究的不断深入和实践转化。我相信，这来自丝绸之路起点和终点的新型城镇化建设的作品邀请展，必将在中国和意大利两个相距万里的国度之间碰撞出新的学术、艺术火花！

祝"异域同构——中意新型城镇化建设作品邀请展"取得圆满成功！祝各位生活愉快、幸福安康！

## 3．重庆市城乡建委总工程师董勇致辞

各位嘉宾、各位代表，女士们、先生们：

今天，重庆市城乡建设委员会、意大利驻重庆总领事馆与四川美术学院在这里共同举办"异域同构——中意（重庆）新型城镇化建设发展国际研讨会"，围绕推进新型城镇化、建设绿色低碳城市和可持续发展等内容深入探讨，共同展望发展前景、共同分享成功经验、共同谋划深度合作。我谨代表重庆市城乡建委对本次研讨会的举办表示热烈的祝贺，并向意大利驻渝总领事馆、四川美术学院以及马非同总领事、庞茂琨院长表示衷心的感谢，向出席会议的各位嘉宾、各方代表表示热烈的欢迎！

重庆作为我国五大中心城市之一和长江上游地区经济中心，在全国改革开放和区域协调发展中，具有重要的战略地位和作用。重庆直辖以来，城镇化全面进入加速发展期，年均增速达1.6个百升，城乡发展更趋协调，正逐步形成符合五大功能区域功能定位的城市群发展格局。到2020年，全市城镇化率将达到65%以上。

党中央提出将生态文明理念融入新型城镇化建设全过程，走集约、智能、绿色、低碳的新型城镇化道路。按照《国家新型城镇化规划》要求，重庆将进一步围绕五大功能区域战略部署，探索各区域城镇化发展思路，不断优化城市布局和形态，提高可持续发展能力，推进农业转移人口市民化和城乡发展一体化，改革完善城镇化体制机制，实现城镇化水平、质量和效益同步提升，城镇布局、结构和形态更加优化，城市更趋和谐美丽和宜居宜业。

意大利在统筹城乡建设、可持续发展方面有很多先进的理念、宝贵的经验，特别是在注重区域特色、绿色环保、打造资源节约、环境友好型城镇以及保护传承历史文化等方面，很值得我们学习和借鉴。本次研讨会，为进一步拓展与意大利在城镇化建设发展方面的深入交流创造了契机，为双方企业的深度合作搭建了平台，也是我们向意大利专家、学者集中学习的难得机会。我们真诚的期望，通过这个平台，重庆和意方相关机构、企业，在平等自愿、互利共赢的前提下，在推动城市生态化、农村城镇化和城乡一体化过程中，进一步加强交流与合作，全面提升城镇化建设质量和水平，为重庆早日建成城乡统筹发展的国家中心城市作出新的更大的贡献。

最后，预祝本次研讨会圆满成功！

谢谢大家！

## 附录2：中意（重庆）新型城镇化建设发展国际论坛互动交流实录

### 1."城市修补"专题互动交流

主持人：王海松（上海大学美术学院教授）

讨论嘉宾：Massimo Bagnasco、余以平、Gianni Talamini、钟洛克

王海松：

下面我们有请四位嘉宾台上就座，我们收获了四个非常有意义的讲座，我先提两个简单的问题抛砖引玉，我想大量的时间留给同学们、老师们。我是一个对重庆还算比较熟悉的老师，应该说没有十次也来了七、八次了，我一直认为重庆在中国的四个直辖市里还是有很大优势的。第一，它的潜力巨大，我想这对于各位建筑师、同学都是非常好的消息，也就是有大量的上升空间。第二，我认为重庆是中国的四个直辖市里具有后发优势的一个城市。为什么是后发优势？因为我觉得上海、北京已经成型，我们面临很多问题，重庆有机会选择相对正确的道路，选择错误更少的发展模式，所以我觉得后发有后发的优势。

我的第一个问题我想请Massimo Bagnasco和余总作一个讨论，重庆是直辖市里最晚起步的，具有后发优势的巨大优势，你们认为应该避免的一些错误或者避免走一些弯路是什么？

第二个问题我想提给Gianni Talamini和钟先生，我有两三年没来川美了，我被罗中立美术馆震惊了，我想请两位建筑师谈谈对罗中立美术馆的看法。首先，请两位建筑师给出一些建议。

Massimo Bagnasco：

非常感谢您的问题，我觉得重庆对于北京和上海相比的话确实有优势，我们现在的城市规划政策发生了变化，我们更关注可持续性和以人为本，以及生活质量，"十三五"规划提到了我们这种有一千万人口以上的超大型城市的相关情况，我们将农村人口转移到了城市，同时需要给农村的人口提供更好的生活环境，这就意味着重庆确实有优势。重庆有优美的自然环境，这是一个非常重要的出发点，同时我们也可以以可持续性的方式来实现与自然的密切联系，所以我相信我们现在是非常好的时机，能够开展可持续性发展，不光是注重城市所能容纳的人口数量，因为太多城市人口会带来相关的问题，主要的问题是我们如何转变为一个高质量的城市居住环境，谢谢。

余以平：

我是重庆人，所以对重庆的情况还是非常了解的。重庆城市的发展，从我的角度，我现在更关心的可能是三个问题：第一个是经济问题或者叫产业问题，这是很多大城市，包括刚刚提到北京、上海共同面临的问题。第二个是文化问题。第三个是城市空间的特质，这是我非常关心的问题。我认为经济问题是基础，文化是导向，大的空间格局应该是形成城市的特点和特质的一些东西，我觉得把这三个东西解决好，有区别地对待和其他城市的发展，那重庆可能会走得更好，谢谢。

王海松：

谢谢两位专家。我稍微延伸一下，其实上午我听了有一个讲座，讲到重庆的城市化率百分之六十几，确实城市化率是一个指标，因为我知道在德国城市化率90%，但是这个90%的城市人口其中的70%是在小城镇，不是一窝蜂都在特大城市，在所有直辖市里，只有重庆还有这个条件。重庆是个直辖市、是个超级巨大的城市，但是它有片区，每个片区都有非常好的自然景观，刚才Massimo Bagnasco先生也提到要保留好的自然景观，所以你们要避免走摊大饼的路，把轨道交通修好，这将会是一个很棒的直辖市。上海、北京的地铁都不理想，换乘很困难，跟东京比上海的地铁没有大站车、中站车，所有轨道就只有一根，所以很多基础设施的建设现在后悔都来不及了，所以我想后发有后发的优势。谢谢。下面的问题给另两位建筑师，请两位建筑师谈谈对罗中立美术馆的看法。

Gianni Talamini：

我能先谈谈第一个问题吗？因为罗中立美术馆非常漂亮，但我更想回答您刚才所问到的第一个问题，我是建筑师，同时我也是规划师，我相信建筑和城市规划是密不可分的，是紧密相连的，你不可能脱离了优秀的城市规划做设计，所以我们需要了解真正城市需要什么。同时，如果你不了解建筑的一些局限性和潜力的话，你也不可能做很好的总体规划。因此，中国重庆虽然我并不太了解，但是我想从公共空间、开放空间谈起，比如刚才其他发言人所展示的美丽例子，我们可以看到在一些公共空间、一些消极空间没有得到充分的利用，这不光是涉及建筑师和规划师，我们也需要有这样的努力来改变人们的态度，我们不要去浪费那些消极空间，不要仅仅是把垃圾堆放在那里，所以我们需要共同努力，人们需要热爱自己的城市，而不仅仅是利用它，获取你的需要然后走开，因为有些人来到这里仅仅是为了工作，然后回到自己的家乡。所以我们需要让他们真正热爱自己的城市，成为城市的一员，我认为这是非常重要的，谢谢。

钟洛克：

我先说说美术馆的事情。四川美术学院确实和中国其他大学都不一样，特别是我们也做了很多学校的建筑设计。四川美术学院的新校区在重庆的大学城，周边有重庆大学、重庆科技学院等很多大学，其他学校的建筑风格可能是统一的，但是在四川美术学院里每栋房子可能不是统一的，但互相也是协调的。川美的房子很有特点，它的特点不是求洋，不是求怪，也不是贪大。一开始美院的规划叫"十面埋伏"，就是把所有建筑埋伏在校园的山头地，让大家走进校园里是看不到建筑的。至于罗中立美术馆施工图原来是我们设计的，项目完成之后我也去看过，第一眼我去看的时候发现外墙颜色变了，因为建筑师开始设计的时候外墙颜色是很纯粹的，就是一个很简洁的体量关系。我觉得可能是建筑师和艺术家考虑的方向不一样，比如建筑师可能更侧重于关注建筑的空间、体量关系，但是可能放在美术学院里面老师就把它当作一个艺术品，就在外立面贴了很多的彩色瓷砖，感觉这个房子就是美院的，它是独一无二的，放在其他地方都是很奇怪的，所以我非常喜欢这栋建筑。

王海松：

我把下面的时间留给同学们，在场的老师和同学有什么问题对四位嘉宾提问？

提问1：

各位好，我是重庆一家媒体的。我刚刚听Gianni Talamini说要让来到重庆的人士爱上重庆，Massimo Bagnasco先生在重庆待过几年，但是对重庆的周边也不了解，问他喜欢重庆什么地方，他说十八梯。接下来我想问一下钟洛克先生，因为你对古建筑这块修复比较偏好，您对十八梯的修复或者建筑设计有些什么样的建议呢？

钟洛克：

其实我做城市更新和旧城改造不是很多，由于设计院的性质更多的是做新区开发和公建，公建做得比较多一点。十八梯属于重庆一个特殊的地段，有它的文化气质在里面，我觉得不管是政府也好或者开发商也好，他要做地块更新改造的时候，能不能不要太贪图眼前的经济利益，能不能将我们需要保留的区域保留下来，比如它的一些空间尺度、建筑的风格、材料，包括原住民，甚至于生活在里面的习惯都保留下来。但是除了核心区域以外的地方，我们可能会做一些经济上的思考，这样结合起来整体考虑可能更具有实质性一点。

提问2：

各位专家好，我是来自浩丰规划设计集团的。我有两个问题，第一个问题是关于Gianni Talamini先生，关于阿尔托一个著名作品修复的问题，当我们把一艘旧船所有零部件修复以后，它还是不是原来的东西？或者您觉得这个东西完成修复以后，到底应该是属于您的作品还是属于阿尔托先生的作品？第二个问题，我想请教一下钟老师，因为我刚才看到您在建筑的生命周期上把它分为了六个阶段，中间刻意区分了一下建造和制造阶段，我不知道这种刻意地区分我不太理解，想请教一下怎么样区分建造和制造的内涵和外延的不同。

Gianni Talamini：

如同您的名字，十年以前仍是同样的名字没有变。虽然空间在变，我们每天都在发生变化，我们的社会每天都在变，建筑、空间都在改变，因为这个原因，保护工作是个棘手的概念，因为我们不可能真正的维护或者保护原始的状况。我们重建的作品仍然是阿尔托的作品，我们很重要的一个想法就是整个建筑与周围绿色空间的关系，所以我们需要传承的阿尔托的这种理念，我们用的材料没有变，木头还是木头，但我们可以切换成混凝土。

钟洛克：

我简单回答一下这个问题，因为现在全中国也在主推一个是装配式建筑，还有一个是钢结构建筑。我个人理解制造可能是指在正式施工之前，很多成品建筑来到现场施工。

王海松：

今天第一个板块的交流讨论就到这里，我想请各位给四位嘉宾以热烈的掌声，感谢他们！

## 2. "文脉传构"专题互动交流

主持人：王海松（上海大学美术学院教授）

讨论嘉宾：Avril Accolla、Silvia Giachini Tiranni、余以平、陈雨苗、杨劲松

王海松：

非常感谢四位演讲者针对文化、文脉这个话题的演讲，我准备了两个小问题抛砖引玉，我想先请两位来自于意大利的女士回答一个问题，如果你们在中国进行创作或者设计，你们怎么来理解中国的文化或者怎么来吸收中国的文化到你们的作品当中？

第二个问题讲请教一下来自于一线的设计师，你们对现代技术的把握是非常纯粹的，最新的一些建筑技术对他们来说是游刃有余，我的问题是你们怎么去理解在历史建筑修复中现代技术应用与文化保护的关系？谢谢。

Avril Accolla：

不管是在哪个国家，我一直会将我的想法、我的品位、我的情绪引入当地人们的文化心态中，这样他们就会理解和使用我的设计，所以这就是我平时所做的工作，我在过去二十年都这样进行，我在中国才住了三年，并不是很长。中国是一个完全不一样的地方，所以我的经历也是不一样的。我向往中国，希望来到这个完全不同的地方，获得一个新的体验。我选择和中国联系在一起，作为一个外国人来研究这个主题的原因，就是我希望有这样的机会和我的学生和同事们一起来学习、研究、理解什么是文化的传承，怎么样把文化的传承融入我们的日常生活中去，在什么地方我能帮助他们，来把我的工作理念、社会创新工具等和大家一起分享，让他们能够理解我们的设计团队，我们把设计的东西从一个地方传播到另外一个地方，这就是我所从事的工作。

Silvia Giachini Tiranni：

我的专业领域可能跟您的问题是很接近的，怎么样在我的作品中体现中国的元素，结合我们之前提到的游客中心设计，谈一谈我的一些感受，我如何理解中国的文化，它有什么样的含义。项目中涉及"凤凰"的元素，在意大利我们也有类似"不死鸟"的动物，它能够重生，就有点像中国文化中的"凤凰涅槃"，凤凰这个元素在中国的文化中常有体现。我们所做的这个项目中就使用了这一元素，并将它融合在我们的建筑中，当然这些文化符号也可以运用到一些现代建筑中。

王海松：

我简单的概括，Avril Accolla是尽量的理解、倾听，然后转换，就是一种跨文化。Silvia Giachini Tiranni的关键词就是"不死鸟"，她觉得文化不会死，因为它会传承下去，会涅槃或者是再生，文化能达到这一点是会永生。非常感谢两位作出的精彩答案，有请中国的两位建筑师。

陈雨茁：

我先说一下关于传统记忆和创新的事情，在我们做米市街的时候，我也曾经试图尽可能传承传统的工艺，因为如果在建造过程中能使用传统的工艺和材料，客观上也保存了一部分看不见的东西，无论是非物质文化遗产也好，还是工匠的技艺也好。但执行过程中不是太理想，比如普通砌砖的工匠，我们筛选了一百多人，最后只留下了12个人，把这12个人留下来，再去教新的班组。现在的工匠砌出来的缝隙都有1.2厘米左右，我们希望控制在0.6~0.8厘米，大部分工匠都无法做到。当然我们仍然会尽力想办法传承一部分的老工艺。

如果真的有一栋理想的建筑，工艺、材料都能按照传统的方式修建，那是非常值得庆幸的一件事情。但是实际操作中很困难，无论是现行的验收体系、质量控制体系，还是成本控制体系，都不允许这样做。因此，我们看到大部分的古建修复项目，我们提出想法要按照传统工艺来修建，但真正能够实现的应该不到5%，很难做到。

做不到怎么办？你就得用更加开放的心态去拥抱新的材料和工艺，但是你必须很小心，新的材料工艺和旧东西之间的关系，确确实实需要每一个建筑师去把握。我的体会是靠画图，但建筑师完全靠画图还是解决不了全部问题。这个项目很有幸从策划到投资、从设计到修建都是我们一家公司在做，算是一种特殊情况。作为建筑师，你得尽可能想办法实施现场把控，如何把传统的建筑从形态、材料与新的工艺相结合，如何让它看起来既有这种融合，但是又不穿帮，这个事情实际做起来是很难的。我们看到过很多所谓"穿帮"的建筑，因为生拉硬套，新的东西和旧的东西融不到一块儿，看起来很奇怪。需要想办法找到新旧之间的共通点，没有任何一个教科书有完整的体系来教我们怎么做，也许是手工艺的方式，也许是材料的使用和处理的方式等，只能在实践中不断摸索。

**杨劲松：**

其实刚才主持人问到这个问题的时候，原来我也问过自己。给大家讲一个小故事吧。曾经有一次跟一些文化界、设计界的专家学者一起考察重庆的一个古镇，我当时刚刚工作不久，以半学生状态就进入了观察。一路下来感受良多，很多专家学者都觉得传统的东西非常漂亮，山水格局留住了乡愁，但当我和当地的一些居民交流时，他们就怯生生地问我："你们是不是来看多久把这里拆掉？我们多久能住上新房子？"实际上我的感受就是，我们欣赏传统的东西，是用什么态度去看待的。一直在这两种语言和声音里挣扎，其实到今天我思想应该变得更加务实了。

首先建筑是什么？建筑作为一个载体具有很多功能属性，刚才主持人提到的例子，一个老房子用最地道的工艺修复，房东老太太一年就只来住一次。当时我在想另外一个问题，这个老太太是不是要搬回来住，这个建筑她为什么要用最传统的方式？我觉得是她的一种情结和情怀凝结于这个老房子里，她的寄托所在只是这个老建筑众多属性中的一个。所以，我觉得在对待传统建筑、传统工艺的时候，应该是有一个分层的概念。如果这个是国宝，如故宫博物院，是我们在特定历史时期非常重要的一个建筑，那么我非常赞同用虔诚的工匠精神把它留在那个时间节点里。而对于大量的其他建筑应该有另外的方式。为什么到今天我们才谈传统建筑的修缮、保护与更新，是因为在一个很长的时期，我们认为保护传统建筑并不是发展的要务。而现在我们开始探讨这个命题，是因为我们已经具备了一定的基础和能力。但同时我们还是必须重视建筑的主要功能要素，我觉得建筑是拿来给人用的，如果传统建筑无法被合理的继续使用，文化的传承则无从谈起，谢谢大家！

**王海松：**

两位设计师的回答逻辑严密、非常务实。我从陈雨茁先生的回答中也捕捉到一个信息，他认为老房子作为历史建筑来说本身是一种文化，而老房子的建造也是文化的一个组成部分，所以他还是留出了一定的比例，95%的老房子没有办法完全使用传统工艺来修复，但我还是欣喜地看到有5%的老房子，如果条件允许他会采用非常传统的方式来实施。我们是学校的老师，平时都在进行科研工作，这也是一个课题，就是如何对优秀的传统文化进行学习，把握其中原汁原味的东西。我跟他们的互动结束了，下面的时间留给大家，有没有什么问题？

**提问1：**

两个问题，一个是针对西尔维娅·提拉里女士，刚才在你的作品里我看到很多具有中国文化元素的建筑，甚至是乡土风情的建筑。国外的建筑师来到中国，更多是把他的文化和技术带到中国，而你的作品具有很浓厚的中国文化和乡土文化。你做的建筑都在成都附近，从文化的角度来说是蜀文化的发源地，也是很厚重的一块，你是从哪个视角切入的？你是否满意你现在的作品？

第二个问题请问陈雨茁先生，据我所知，你刚才介绍的项目涉及上万方的传统保护建筑，都是你的公司自行投资实施的。你做设计的时候，创作意识和成本控制意识之间的关系如何处理？这个项目出售以后，你的保护初衷与情怀如何延续？

Silvia Giachini Tiranni：

这是一个很重要的问题，我来到中国之前显然设计的都是有国际风格的作品，我设计了许多国际风格的作品，当然也带有意大利的印记，因为我来自罗马，米开朗基罗设计的穹顶就在我的附近。我非常尊重历史所遗留的传统文化，我来到中国后知道清代的文化非常重要，我无法充分理解清代的文化，但我希望用一些元素反映出来。也许一座老墙能告诉我许多关于清朝的故事与历史，我与这一座古老的城墙对话、与古老的木质建筑对话，我希望能够有一种语言，能够与这些木头、与这些砖头、与过去的行为和历史对话，我希望能够理解当地人的心情，过去历史上的人们的感受。我想我的建筑作品大部分是很现代化的，但我希望能将当代的设计方法用来体现这个地方的精神和灵魂。所以，我对我这些在中国的作品非常满意，我很幸运有机会能够参与这些项目，我希望能够通过我的建筑让中国的人们也更为喜爱和了解自己的历史。比如说李庄的人们，能够更热爱自己的家乡，不仅仅是尊重，而是热爱自己所居住的地方，热爱这里的一草一木、一砖一瓦。

陈雨茁：

首先，我回答关于成本的问题，我拿到的这个地块在南滨路，面积很小，地上地下一共加起来接近1万平方米，如果按照普通民居修建来控制成本就没有价值。因此我很清楚，我必须不计代价、不计成本的去修建，这样才能把它的价值挖掘到最高。事实上我这样做的，并且获得了相应的回报，因为再怎么顾及也必须付出成本。很多开发商参观这个项目时说："我不会这样做，这样完全超出了我的成本"，其实算下来我们一平方米也就多投了2000块钱，但是对于那段历史来说多2000块钱是完全值得的，而且商业上的回报也是值得的，就因为多了这些投入，你得到的认可是可以带来回报的。 我从保护历史文化的情怀出发，并没有太多考虑投入回报，但还是坚信它的价值。结果在招商出租的时候，客户能够发现并欣赏这个建筑的价值，给出的租金溢价超过了增加的成本投入。

回答情怀如何延续的问题，大家都知道南滨路是餐饮一条街，如果我把这个项目做成一个普通的餐饮，那情怀也没办法延续，政府也不一定满意。于是为了坚守我的初衷和情怀，对得起所有付出的代价，我们坚持等待，拒绝众多不合适的申请，等了一年半，最后终于等来了结果。相中的租户是一家百亿级的文化企业，经营文旅窗口的运营管理和PPP投资，因为看中了这个项目，该企业从杭州把总部和结算基地迁到重庆，把这里作为他们新的总部所在。交给其他任何一个业态都不足以给这个城市和区域带来如此大的效应，对于政府、对于我们企业，这就是最大的回报，谢谢。

提问2：

非常感谢陈先生刚才所介绍的，我很同意你刚才所说的建筑师必须要有匠人精神，要使古老的技术能够得以传承，这是非常重要的一件事情。我想问到将来的一些打算，你们打算通过古老的技术来开发新技术吗？也许你已经回答了一部分，但是我想问一下这些古老的技术如何在未来以不同的方式得到应用？能不能从古老技术发展出自己的新技术？以达到传承历史的目的。

陈雨苗：

虽然我花了十年的时间修复了一组历史建筑，但是从传统的技艺里学习发展新的技术，对我来说也还只是刚刚入门而已，越往深入实践越会发现太多的优秀传统技术，目前只是一个开端。我们学习并运用这些传统技术以后，在新的建筑和新的项目中，有没有办法去创造自己新的技术呢？可以。但是我觉得还需要很长一段时间，因为传统技艺对于我的祖先来说是得心应手的东西，但对于我们来说却是新的知识领域，需要我们心存敬畏的认真学习。如果在实践中发现传统技艺无法解决的新问题，那才是我去开发新技术的出发点。而只要是传统技艺能够解决的问题，我们都应该尽可能学会使用传统的方法来解决，这就是我的态度。

王海松：

感谢四位的发言和提问交流，本版块的讨论到此结束。

## 3. "新型巧筑"专题互动交流

主持人：沈康（广州美术学院建筑与设计学院院长、教授）
讨论嘉宾：李卉、刘川、Fabio Panzeri、Giulio Lamanda

沈康：

下面我们进入最后一个交流环节，我想向四位嘉宾提一个问题，就是你们能不能够讲一个简短的经验，回到我们的主题，特别像李卉女士做的项目里面，新和旧在设计处理的细节上，包括材料上，有什么特别的经验可以跟我们分享？每个人介绍一个简短的小细节。

李卉：

其实我们在使用传统材料的过程中发现，不只是传统材料、传统工艺，整个行业的传承度跟现在都不一样，是一种口述心传，一代代传下来的手艺和工艺。其实我们是在一个社会大生产的背景下，是在经济发展速度很快的背景下来面对这个体系，所以我们必须研发一些利用传统材料和现代的手法结合的技术方法，实际上是让新的材料怎么样通过新的技术有一种自然的包浆，或者焕发岁月感，这是一个难点。

第二个难点，手工制作的核心是匠人匠心，在于自己亲自去做，去慢慢做，这就没有问题，但作为设计师是指导别人去做。我们有匠心没有问题，但是你要让你的甲方认可、施工方按照你的图纸去施工才行，比如四川美术学院有很多匠人匠心的作品，如果要把它翻译成图纸，再把图纸转化成能给工人看的东西，那这个体系绝对是要崩溃掉的。作为设计师怎么控制图纸，图纸到现场的过程中，你怎么能让别人依托你的图纸，即是让这一切可实施，我觉得这是一个很大的难点，并不是说你头脑中想象的，或者你想复原的那个状态画出来就行了，你就交给下游单位去施工，这是绝对做不出来的，你一定要想到后面可能几个层级的可控性，包括甲方控制的节点，包括我们怎么样把一些复杂无序的事情归纳成有机有序的事情，把这些信息再进行简化，通过定性和定量的方法把有效信息抽出来，再以各种方式，可能是图纸、可能是现场，可能是交流的方式去打磨，我只能说这是非常灵活的一个界面。

沈康：
谢谢，其实就是可控性，从图纸到实施这个过程是非常重要的。

刘川：
去年我在重庆彭水县参观一个很大的建设项目，叫蚩尤城，要修一个很大的建筑群。蚩尤是中国古代一个著名人物，传说是中国土家族的祖先。但让我们感到诧异的是，问是哪个设计单位设计的？没有。有没有正式的施工单位？没有。但建筑已经完成了好几万平方，非常漂亮，今年已经开园了。这个事对我刺激很大，最后发现，当地是请了一位湖南湘西的老木匠，整个从规划到建设全是他和他的徒弟在做。这说明什么问题呢？就是我们传统木结构的手艺或者传统技术消亡得非常惊人，在重庆已经找不到有这种技术和匠人精神的大师，只有专门花重金到湖南去聘请过来。这当中就给我们带来很多思考，这方面做得好的有德国、日本等，现在国内也在提倡工匠精神，但是几千年来这些建筑匠人大多在农村、乡镇，现在已经很难找到。以后设计师的方案想要实施，找谁帮你做？为了保护传承这些传统技艺，政府部门、专家学者，尤其是建筑师，应当发挥什么作用？这是我们必须要思考的问题。

沈康：
刘川老师讲的传统工艺是一个系统，不只是一个施工的问题，是整个建造的系统，而这个系统是值得我们关注和研究的。

Fabio Panzeri：
我想谈一下关于国会中心项目的经验。我们正在建造的这座建筑的表面形态非常复杂，如果仅仅使用石头来完成施工难度很大，所以我们希望采用更为灵活的方式来处理这种形状。我们与工程公司联合开展研究，提出通过水泥或者混凝土来实现的设计思考，并付诸实施。在这个项目中，我们使用金属网和水泥来构建一个类似堆栈的造型，当雨水滴落的时候不会直接滴到立面上，而是会在实际的墙体、水体和金属面之间滑落，在两层之间流下来。我们还用到了另外两种材料——玻璃和木材，木材是在当地采集的。玻璃是专门为这个建筑而定制的，因为需要面积非常巨大的玻璃，这是一个技术含量很高的工作，玻璃在传导热量方面的功能非常显著。

沈康：

我觉得他刚才分享的经验非常宝贵，我自己是很有体会的。我们常说的工艺，比方说因地制宜、地方材料都很抽象，其实这是一个特别具体的操作，甚至是具体的实验，你可以通过材料的实验去解决这个问题，那么就可以获得某种结果，而这个结果可能是你设计中最重要的。

Giulio Lamanda：

我在农村的住房建造方面有一些经验，我曾经有机会在上个月实地参观了中国的一些建筑现场，我看到不同的小型建筑在街边遍布，不只是在四川，包括还有安徽，同时我也看到在目前这个时代背景下的一些传统建筑，我们可以看到这种建筑的发展。我们往往对古老传统的造型着迷，我们喜欢传统的木质材质，但当我们留在农村观察的时候就可以看到现实——此刻的现实，在当代的背景下的农村居住者希望能够建立起一个体系，既能够充分利用本地的材料，又能够建造他们满意的房屋。所以，我们发现这个现象表现出了一种生活方式的转变，我也相信在这种体验当中，我们会找到解决方案，可以使年轻的工匠变得更为专业化，获取新的经验，同时我们也能够保护环境，保护旧有的生活方式，这是人们都愿意看到的，也是他们会喜欢的中国农村。我们需要有这样的能力，在当代背景下，我们可能对于当代的所见所闻有不同的标准，但欢迎各种不同的思维，接纳不同的创造性，谢谢。

沈康：

我觉得其实Giulio Lamanda先生的回答也非常精彩，因为今天很有意思，前面两位讲的是传统，后面两位意大利设计师讲的是材料和工艺可从当代生长出来，他们刚好回答了这个问题的两个方面。时间关系，我给出最后一个提问机会。

提问：

我想请问刘川老师一个问题，刘老师有一个很鲜明的观点，认为木材是最环保的材料，但是我们知道在今天从国家产业政策上来讲，不再倾向于大量使用木材，我们怎样辩证性地看待这个问题？谢谢。

刘川：

中国传统建筑是以木结构来体现的，竹和木在传统建筑中的使用量比较大，目前我们国家对树木是禁伐的，恰恰这就给我们带来一个思考或者挑战，我们的建筑会向哪个方向发展，木结构这个大门可能关起来了，那么其他路还有没有？这可能就是下一步我们要思考的问题。现在国外有很多复合材料，这种复合材料可以利用一些有机或者无机的原料，甚至通过一些废料进行一个再加工、再处理，加工成一个新型环保材料，可以从某种角度上来替代木材的使用。木材的优点就是保温隔热，还有结构处理的便捷，结构上现在是没有问题。所以关于木的使用问题，我认为在一些小众建筑、传统建筑修复等特殊情况，可以酌情使用，但是大面积伐木、大量使用木材是跟国家的发展战略相违背的，国外也是一样，不可能说我要盖个房子就到附近的山上把木砍了，这也不行，解决的方案一是使用替代材料，二是进行商业种植，来提供部分木材供应。

沈康：

谢谢刘川老师。由于时间关系，我想今天的提问环节就到这里，谢谢四位嘉宾。

## 附录 3：中意设计师访谈实录
### 1. 中山古镇访谈实录（一）

受访者：Fabio Panzeri（法比奥．潘泽利，意大利建筑设计师，以下简称法）

采访者：郑凯 Gianni Talamini（四川美院建筑艺术系研究生，以下简称郑）

郑：法比奥先生，我想请教一下您对于中国和意大利有关旧城改造、古镇修复的一些看法。

法：对一个古镇的保护，相当于在保护这个地方的文化风俗，古镇的修复项目首先应该回答的问题是这个地方的文化是什么。然后再用怎样的途径来将这个文化表达出来。现在世界上的建筑业普遍面临的一个问题，在于建筑不再是传统文化的一种表示，更多的是一种形式的表示，更像是一个设计作品的展示，而不是一种文化的传承。所以，现在一些新的楼盘面临的问题是需要将现代与传统文化进行结合。

郑：我在学习西方园林史的时候，了解到古罗马人构筑别墅时，也有背山面水这样的要求，正如这个中山古镇一般，是否可以认为，在对建筑和景观的审美要求上，是不分文化和国界的？

法：对，我很赞同。我认为不同国界和文化的人，可以用一种同样的专业语言进行交流，这就是建筑设计。比如，我们现在所在的古镇，很多的理念都具有一种全球的普遍性，以及它展现的原始的生存状态，比如木材、石头的使用，我们看到的住宅、延伸出的走廊，以及屋顶上采光的玻璃，都是这样的。古镇的修复涉及两个方面，第一个是认知能力，就是说去探索古镇的文化背景和原始状态。第二个是情感，如何将建筑通过建筑设计这个过程，使建筑的文化表达出来，让建筑成为一种诗。

郑：是海德格尔提到的"我筑我居我思"吗？

法：正是如此，建筑是一种哲学的表达方式，一定要探究到文化的最深层的一面，才能称之为建筑。

郑：我们都在思考建筑该如何与大自然、与社会相处，对此您有什么看法呢？

法：建筑是一个在大自然背景下人造的一种东西，也就是说建筑是一个载体，它应该做到让人与大自然有一个更紧密的交流。

郑：刚才看到您在拍摄这些木建筑的细部结构，您在古建筑修复的过程中也会使用传统材料吗？还是会用一些新型技术？

法：实际上我会用比较传统的材料，主要是木材、玻璃和石头。明天我会向大家展示一些作品，实际上就是以这三个材料为主的建筑。包括我在日内瓦设计的一个国际会议中心，实际上就是一个以石头为主的一个盒子，在这个盒子里面用木材做的一些盒子来连接，就像是抽屉，可以用这样来穿过去，外部景观用了一些木头来制作。很多建筑方案不是建筑师个人作品的表达，而是为了让人与建筑更和谐相处的一个媒介。现在很多建筑师纯粹为了展示个人的理念，我认为这是不对的，建筑更应该是在讲这个地方的故事，它是一种传统文化的表达方式。

郑：建筑设计师也可以是一个社会服务性质的角色，对吗？

法：是的，这也是建筑设计与其他设计的理念差异，建筑设计是为了提高生活的质量，而其他的设计，更多的是停留在外观的一个层面，不会深入到人与生活这个层面。因为，现在很多建筑师设计的作品并没有社会价值，而我认为建筑设计不仅是在设计一些楼盘，还应该关注社会要素以及与自然的联系。比如今天从机场过来的路上，我看到了许多建筑并没有起到一种表达社会价值的作用，与大自然也没有任何的联系，这是我们如今需要去直面的问题。

## 2. 中山古镇访谈实录（二）

受访者：Gianni Talamini（詹尼·塔拉米，意大利建筑设计师，以下简称詹）
采访者：郑凯，（四川美院建筑艺术系研究生，以下简称郑）

郑：请您谈一谈对于这次参观中山古镇的感想？

詹：我认为现在中国有一个常见的现象，就是中国的古镇和文物在普遍地被拆除掉，一些人认为这些东西是多余的、没有价值的，这是我现在了解的情况。刚才法比奥提到了两个理念，一个就是建筑的社会作用，一个是建筑与大自然的一些联系。关于第一点，在我看来，建筑也是对于社会的一种表现，也是对历史的一种传承。而我的理念是，我们不能完全地保护某个建筑的风格，建筑的风格本来也应该是随机应变，符合当地文化的一种表现，而文化也是在一直在进行变化、调整的东西，而建筑也不例外。

郑：文艺复兴的艺术理念，就是以人为尺度，那个时候所有的艺术都是以人为出发点进行创作的，而我们今天所说的也是要求以人为本，而人是在变化的，所以在对建筑的保护上我们也是要求尊重如今人的需求的吧。

詹：以人为本的这个理念一直都没有变化，因为建筑就是为了符合人的需求而设计，所以在这个问题上一直是永恒不变的。我们在什么时候会需要建筑保护的理念呢？是在发展过于快速的阶段，在这个阶段，很多的理念会失去方向，所以我们要通过建筑，来对这些会被我们遗忘的东西进行保护，这是很重要的一点，也就是说，中国在这个发展非常快的阶段也需要具体对这些理念进行保护。

20世纪80年代有一个建筑师提出一个十分流行的理念——"调整"，它不是一种彻底的改变，它是一种调整的手段，是用一种新的发展方式去对当下进行调整。另外一个就是对古老建筑风格的保护，这涉及技术的问题。

我们为什么要保护古老建筑的风格呢？刚才提到的就是第一个原因，而第二个原因就是在我们的这些建筑技术在进行一些彻底的改变之后，比如说在过去我们使用的技术，而现在我们就会选择放弃，在放弃掉的时候，我们就需要保护它们。我们当下可以通过科技的创新来掌握新的技术，而对于过去的技术也需要保持一定的关怀。因为在过去几百年我们使用的技术都差不多，所以我们没有感觉到对于保护技术的一种需求，我们也是最近几年因为这些高科技的新突破，才意识到这样的一个问题。

保护一个古老的建筑风格是较容易做到的，但保护古老的技术却是十分困难。因为技术是一个技术层面的操作，比如说中国在一些关于木材建筑的技术方面，可能在当下不像过去那样流行，所以说保护技术要比保护古老建筑本身困难。其实我们建筑师要做的是两个方面的工作，一个是针对新的生活方式的一种改变，去让建筑更符合当地的特色和生活方式，另一个是在设计建筑的同时保护古老的技术。

### 3."景观艺术之夜"建筑师沙龙访谈实录（一）

采访对象：沈康（广州美术学院建筑与设计学院院长）

提问1：请简单谈一下在您的理解中艺术在设计当中扮演了一个什么样的角色呢？

沈康：首先我认为艺术和设计本身就是一种同根同源的关系，但是另一个方面来说，设计有它自己独特的知识结构和形式语言，所以又有一些区别，我认为艺术也未必可以和建筑设计或者其他设计直接产生联系。我更倾向于把设计和艺术作为两条平行发展的线。我们会认为当代的艺术会给当代的设计有很多启发，非常重要的是，在以前设计很多时候都没有意识到艺术的当代性。实际上设计应该是站在一个非常前沿的位置，应该有它自己的自觉和自信，如果设计有了自觉和自信，那么设计应该是和艺术齐头并进的。

提问2：我们得知您来过四川美术学院很多次了，那么能谈谈四川美术学院和广州美术学院有什么不同吗？

沈康：首先我觉得川美校园很漂亮，而且不是一般视觉上的好看，这个校园很难得的是它不仅保持了地形，而且呈现了一个自然生长的状况，一草一木，一砖一瓦都不像是短时间内建造起来的，可以看出是有时间的痕迹，这是非常难得的一点。那么，其实透过整个校园也可以看出学院的办学思想与理念，比如说很在乎时间的痕迹与记忆，还有一定的在地性。由于我自己也在重庆念过书，我也知道，重庆的院校有独特的气质，比较自由，比较放松，比较浪漫，而且非常的生活化，这些都是很可贵的东西。如果和广美比较的话，广美可能所处的位置比较好，更自信，更敏感，并且与制造业连接的更紧密。我认为广美最重要的是对现代性的关注，因为处于珠三角，是中国城市化和人居环境变化最剧烈的地域，所以应该是这方面现代性的一个样板。而这个样板支持了整个广美的价值。

提问3：请您给我们这些从事建筑设计的晚辈们在工作上和学习上提一些建议或者指导。

沈康：建议就活在当下吧，就是你所生活的地方，我比较看重此时此地。当下最重要，但是如果真正去理解"当下"还是很不容易的一件事，比如说，为什么今天重庆是这个样子，到底重庆是什么样子？现代人的生活，在发生什么事情，在这个时间里面，人们最需要什么，你自己需要做些什么，这是需要思考的问题。

### 4."景观艺术之夜"建筑师沙龙访谈实录（二）

采访对象：王海松（上海大学美术学院教授）

提问1：通过今天下午的论坛，我们了解到您是中国美协建筑艺委会的委员，同时也是上海大学美术学院的教授。您认为作为一个具艺术背景的建筑师，是否有一定优势？

王海松：我认为，艺术背景不一定就是优势，只能算作一个特点吧。其实很多工科院校的建筑师，不管是在同济或清华，他们的艺术修养都很不错。美术学院师生跟他们的区别，可能主要是在对艺术的理解、探索方面侧重更多些吧。我自己是在同济念书的——我在同济读本、硕、博的时候，基本解决了把一个房子造得"没有问题"的能力训练。在经历了那么多年的美术院校影响后，感觉把房子做出自己的理想和感情，更为重要。

提问2：我们同时也了解到你有一件非常精彩的作品，叫作"溯园"，在全国也获了奖。那么请问一下您在创作这个作品的过程中是怎么去执行您的艺术理念的。

王海松：其实做任何一个建筑作品，都在考验你本身的素养。作品会流露你的基本素养和追求。我不觉得在做这个作品时有些什么特殊的理念，只是在结合环境、塑造空间方面比较用心，当然可能我考虑问题的方式、我所追求的，跟其他建筑师会有些不一样。

提问3：作为一名有经验的建筑教育者，您对刚入职的年轻建筑师和建筑相关专业的学生有一些什么建议吗？

王海松：建筑是一门很难的学科，要求有很高的综合素质，大学期间的几年学习经历在你一辈子的建筑生涯中其实很短。在这个阶段，你需要打开眼界，树立正确的价值观，吸收各方面的营养。工作以后，要坚持不懈地学习。建筑师应该是活到老，学到老。

### 5."景观艺术之夜"建筑师沙龙访谈实录（三）

采访对象：浩丰规划集团设计团队（余以平、张琦、刘展）

提问1：在您看来，在西南地区景观与规划设计工作中存在什么样的机遇与挑战。

余以平：整体来说景观很丰富，生态内容也很丰富。但就功能而言，城市还处于升级阶段，乡村处于起步阶段。对于我们设计师来说，我们的乡村建设和西部生态文明建设，都正处于迅速发展的阶段。对于全国的景观建设而言，西南地区更加充满了机会。我们应该抓好这些机会，跟进建设的步伐，把我们的家乡建设得更加美丽，使我们自己得到不小的收获。

提问2：请站在您的角度对我们这些后辈的设计师在将来的设计和学习的道路上给出您宝贵的意见和建议？

余以平：总的来说设计师就像医生一样需要敏感地去发现问题，研究问题，解决问题。第一步就需要打好扎实的基本功。每个阶段就要做好每个阶段的功课不要好高骛远。本科生就应该致力于打好专业基础。而研究生就应该提高思想与设计理念方面层面的高度。第二步，有没有想法很重要。除了技术方面，就应该拼想法了。在工作上没有想法，只能当绘图员不能说是设计师。但设计师也不能光有想法，要在技术，生态，视觉，功能方面全面前进。再者就是要有社会责任感。要在提高自己的同时，懂得贡献的意义。

提问3：今晚的主题是景观艺术之夜，那么"艺术"在您的景观和建筑创作中扮演着什么样的角色？

张琦：个人的理解。首先，什么叫作艺术，我认为是大众都觉得美的东西，这样的一个东西才是经典。而我们在进行的景观设计、建筑设计，美永远是很重要的一个部分。我们常说的建筑三要素：美观、坚固、实用。这放在景观或者规划设计里面都是相通的。大学里边分成了不同的专业，有些同学觉得它们的区别很大，但我的理解是我们需要找到它们之间拥有的共性。规划、建筑、景观是在不同纬度、不同层面上去解决人的使用空间的问题，这是它们的共性，为了满足最基本的功能，一个是适用，另一个就是美观。不管我们处在任何空间里，这个空间给我的感受，首先应该是好用，我在里边待着舒服，满足这些它就会是一个积极的空间。另外一个方面就是，它要美。虽然每个人的美学价值观都不尽相同，但始终有一些审美共性在里边。像一些知名的明星，能够让大多数人都喜欢，那么肯定是拥有一些美的基本元素影响着我们的共同意识。这是我对它的一个理解。

提问4：当下，不少老城区面临拆迁或更新，开发和保护之间始终有一个很难平衡的点，您认为开发和保护之间的矛盾，是否可以通过艺术的手法去解决，或者是采用刚才提到的美的手法？

张琦：你提到的这个问题，我自己是很有感触的。我家在山东济南，跟青岛这些城市相比，有特点的老建筑本来就少。当时济南人民最引以为豪的地标是一个老火车站，它是当时远东地区最大的一个火车站。然而，当时因为种种原因这个火车站被强行拆掉了。去年，我回去时，济南市规划局又在讨论是否复健这个火车站。这种情况非常令人遗憾。

当年我在重庆大学读研时，也碰到过这类问题。当时重庆大学和四川美术学院针对十八梯的问题有过一次合作。现在十八梯已经拆除，虽然我不是重庆人。但看到这种情况，也是很痛心。我认为一个城市应该有他的灵魂在，一个城市在发展的过程中也需要一些代表城市精神的、物化的东西留下来。个人认为，如果不是特别影响到城市民生的话，这个东西能不拆就不拆。如果它需要承载一些新的功能，那也是应该通过一些改造和空间整合来实现这个目的。如卢浮宫的改造，贝聿铭先生在它的下边做了好几层的建筑空间，包括玻璃的金字塔，实现了现代的空间与传统空间的对话。这种对话是如何实现的，艺术的成分在其中发挥了很大的作用。这也是考验我们所有的规划师、建筑师、景观设计师的一个地方。

提问5：您对刚入职的年轻设计师和建筑相关专业的学生有什么建议吗？

张琦：说到这个问题，有一点不能回避，就是现在的市场环境真的很差。我跟重庆大学一些面临毕业的师弟们也交流过这个问题。虽然说目前市场面临着很多问题，大浪淘沙。但是呢，既然大浪淘掉的沙，那么金子就是可以留下来的。所以对于师弟师妹们的建议是：我们改变不了的东西就不要去想，我们应该努力的地方，是那些我们能够改变的东西。希望大家都能够练好内功，成为大浪淘沙所剩下的金子。我之前从万科到浩丰，也是因为自己对于景观和旅游的兴趣，总结工作这几年的感受，就会发现，之前很多你没有注意到的东西，在以后的工作中都会产生作用，也许是一次手绘或者一本书。广种福田、广结善缘，始终会有收获的。

提问6：今晚是景观艺术之夜，谈谈艺术在您的创作过程中扮演什么样的角色？

刘展：景观设计不仅仅是解决功能的问题，很多时候需要用艺术化的方式来呈现，艺术作为受众的方式和传播的媒介，可以让更多的普通大众更容易去接受。随着社会的发展，有关环境的艺术越来越多的被人所关注，景观设计也是在传递一种大众的、对于生活更高的需求。

提问7：艺术背景的学生从事景观设计有没有优势？请谈谈对年轻学生的建议。

刘展：我本人也是四川美术学院环境艺术系毕业的，这对我从事景观设计有很大的关系。在艺术院校的环境里，除了环境艺术之外，还可以接触很多门类的艺术，这能给人提供多维度的思考。不仅是具体表达对于艺术的理解，而是有一套自己的态度和方式去思考它，从不同的角度去介入它，这是很有意义的事情。我个人认为艺术不是形而上的东西，更多的是一种思考，带着哲学的思辨去看待这个问题，这样才是不同艺术门类的内在，所以我觉得设计的本身也有这样的需求。20世纪90年代初，景观设计行业在中国逐渐发展起来，我们的艺术化景观的教学也引进来了，从学校步入社会，会有不同角色转换的经历和过程，这里的重点在于思想和态度的转变，看待事物的层面上应该有更大的广度和维度，而不是用单一的方式看待问题。社会会教给大家很多观察问题的方式，但是在大的洪流中不要失去自我，保持最初对设计的执着和热爱。我从毕业到现在一直在做设计，这是我坚持在做的事情。

提问8：在景观设计过程中，您关注的重点是什么？

刘展：每个设计师都有个人的工作习惯和风格，对于我来说，我很关注要解决什么样的问题，因为在设计过程前，我们需要解决一些问题，这些问题解决的方式会有很多种，你可以用很艺术化的途径去解决，如玛萨·施瓦茨的景观表达，也可以从理性的功能角度去解决问题，当然还可以用混合跨界的建筑语汇，或社会观察者的角度去解决问题。设计的乐趣在于解决方法的多样性，就像百宝箱一样，可以从里面拿出对应的某一个解决问题的方式，再针对性的解决。

## 6. "景观艺术之夜"建筑师沙龙访谈实录（四）

采访对象：纬图景观设计团队（高静华、李卉、李彦萨、李理、顾晓）

提问1：在景观设计过程中，你最喜欢的环节是什么？

高静华：景观很重要的是视觉，视觉和艺术是完全相关的，设计需要美的东西、视觉的东西、创造力和想象力的东西，这些都和艺术有关。我认为景观设计师是艺术家加工程师的合体，要同时具备艺术家审美和创造美的能力，以及工程师严谨的理性思维能力，所以说设计师就是半个艺术家。

李彦萨：最喜欢研究的是每个空间不同的体验感，我希望将自己代入不同的场景中，每个点可以看到什么、听到什么、摸到什么，到下一个空间又能感受到什么，这是很有趣的过程。在构思草图的时候就一直想着空间的变化，以及不断感受不同层次的东西。

李卉：项目中的乐趣体现在：（1）前端的爆发和探索，创作的过程非常动人有趣；（2）后期精细化落地的过程，选择不同温度的材料和不同属性的植物，看着自己的设计生机勃勃地慢慢长成，展现出来的过程也十分有趣。

提问2：我们知道纬图有很多女性景观设计师，您如何看待女性从事景观设计这一行业的前景，谈谈艺术与技术的关系？

顾晓：景观设计实际上是用艺术的方式来设计我们的户外生活，女性更为细腻和感性，在设计上具有得天独厚的优势。比如我们公司在设计儿童天地时，会邀请公司的妈妈们一起商量孩子们的需求以及合适的尺度，所以设计出的作品更具有参与感。纬图景观的李卉女士是设计总监，她在艺术上有很高的追求，我负责将好的艺术作品变成可实施的东西，变成可操作的技术文件，在中间讨论和寻找平衡点。我认为纬图景观最大的特征在于，前期在艺术上有很高的追求，会尽量要求做得更好，后期有足够的信心从技术上把它变成可实施的东西。

李理：做设计和艺术创作是有区别的，景观设计更多的是物质化的过程，把想象的东西进行物质化的体现，不管之前怎么思考方案，后期要形成我们的景观效果，要寻找合适的物质来承载我们之前想象的东西，因此到基础设计的时候是物质化的过程。

李卉：艺术和技术没有明确的界限，应该拉通全场来考虑。在创作初期就已经想好最后用什么样的材料来控制度，这个度可能是很精准的点，开始就已经安排下来的，也可能在最尾端的时候，充满故事性和原创性的某个细节，同样有很多爆发点在里面，设计是这样一个非常有趣的过程，充满了各种可能性。

提问3：请谈一下纬图景观的设计特点与创作思路，有没有经典的案例与我们分享？

李卉：纬图景观的项目分布及风格差异性还是蛮大的，大家都拥有尝鲜的激情，所以没有在产品线上进行锁定，我们很愿意用相同的方法去拆解不同的项目，我们会从土地的需求和人的需求——这两条最核心的线索入手。土地的需求追溯到生态、追溯到水和土壤，也可能追溯到土地本身的地缘文化、承载的历史等，它本身的诉求是什么，你可以找到很多的线索，可以提供很多材料和滋养；人的需求包括业主使用者，也包括未来和项目可能发生关系的人，他们的需求、内心最潜在的东西是什么，是否可以通过设计去改变、提升，融入他们的生活，找到他们喜欢的、潜意识的东西，或者给他们带来更便捷、更方便、品质更高的生活现状，这也是我们一直在思考和尝试的。不管是什么课题，如养老的项目、儿童的项目、公园或拆迁的房产，都存在这两个板块的问题，沿着这两个线索拆解会得到不同的答案，拆解的过程非常有趣，在不同的项目中挖掘不同的宝藏，把这些点放大，做成显性的会很有意思。

针对人的线索，我们非常有感触地做了一系列儿童的作品。包括"童梦童享"以及很多儿童类型的公园作品，我们现在将一系列作品进行整合和归纳，积累了很多人性化的考虑，包括材料的使用、角度的控制、阳光的方位、后期维护等都考虑得很周到，这个体系是可以沉淀传承下来的；以人为线索的另一个作品系列具有不同的主题和特点，有的是寻找主题，森林主题，或者城市魔幻主题，我们在这些体系里进行切换，这个系列拥有不同的爆发点和充满幻想的空间，我们希望做得很丰满。还有关于土地的作品系列，比如悦来的水展示中心，该项目作为悦来海绵城市的试点，将成为大众普及教育参观的场所，不仅要保证水的生态处理，还要保证有一定的宣传和大家的参与体验的互动感，这也是非常有意思的。

图书在版编目（CIP）数据

异域同构　传统城市空间的演替／黄耘等著. —北京：中国建
筑工业出版社，2016.12
ISBN 978-7-112-20184-6

Ⅰ.①异… Ⅱ.①黄… Ⅲ.①建筑设计 Ⅳ.①TU2

中国版本图书馆CIP数据核字（2016）第322041号

　　本图书由论坛简介、论坛实录、"中意面对面"建筑师沙龙实录、"景观艺术
之夜"建筑师沙龙访谈实录、"异域同构"——中意（重庆）新型城镇化建设作品
邀请展五部分内容组成，既阐明了活动的主旨，又将活动的内容进行实际摘录，
全方位的将本次活动的主旨和现实性意义展现出来。为该专业领域的研究人员提
供了更直观的参考价值和意义。适用于建筑学、规划学、环境设计学及相关领域
师生从业者阅读使用。


责任编辑：唐　旭　张　华
责任校对：李欣慰　张　颖

**异域同构**
**传统城市空间的演替**
黄　耘　等著
\*
中国建筑工业出版社出版、发行（北京海淀三里河路9号）
各地新华书店、建筑书店经销
北京锋尚制版有限公司制版
北京方嘉彩色印刷有限责任公司印刷
\*
开本：889×1194毫米　1/20　印张：9¾　字数：280千字
2017年6月第一版　2017年6月第一次印刷
定价：68.00元
ISBN 978 – 7 – 112 – 20184 – 6
　　　　（29691）